智能制造专业"十三五"系列教材

工业机器人工作站系统与应用

主　编　周书兴

副主编　周绍聪

参　编　钟　奇　陈玉莲　王如意

机械工业出版社

本书内容共分为9章，主要介绍了工业机器人工作站基本知识，焊接工业机器人工作站系统，搬运、码垛工业机器人工作站系统，喷涂工业机器人工作站系统，抛光、打磨工业机器人工作站系统，装配工业机器人工作站系统，包装工业机器人工作站系统，柔性加工工业机器人工作站系统，工业机器人离线编程。

本书可作为高等院校机器人工程、电气工程及自动化、机电一体化、机械电子工程、智能制造等装备制造大类相关专业的教材，也可供相关工程技术人员参考。

图书在版编目（CIP）数据

工业机器人工作站系统与应用/周书兴主编. —北京：机械工业出版社，2020.8（2025.2重印）

智能制造专业"十三五"系列教材

ISBN 978-7-111-65694-4

Ⅰ.①工…　Ⅱ.①周…　Ⅲ.①工业机器人-工作站-高等学校-教材　Ⅳ.①TP242.2

中国版本图书馆CIP数据核字（2020）第086662号

机械工业出版社（北京市百万庄大街22号　邮政编码100037）
策划编辑：王　博　责任编辑：王　博
责任校对：张　薇　封面设计：马精明
责任印制：单爱军
北京虎彩文化传播有限公司印刷
2025年2月第1版第6次印刷
184mm×260mm·14.5印张·357千字
标准书号：ISBN 978-7-111-65694-4
定价：49.80元

电话服务　　　　　　　　　网络服务
客服电话：010-88361066　机　工　官　网：www.cmpbook.com
　　　　　010-88379833　机　工　官　博：weibo.com/cmp1952
　　　　　010-68326294　金　　书　　网：www.golden-book.com
封底无防伪标均为盗版　机工教育服务网：www.cmpedu.com

前　言
PREFACE

作为智能制造产业的核心装备，工业机器人以其稳定、高效、低故障率等众多优势正越来越多地代替人工劳动，成为我国加工制造业转型、提高生产效率、推动企业和社会生产力快速发展的有效手段。随着行业需要和劳动力成本的不断提高，我国机器人市场增长潜力巨大。工业和信息化部组织制定了《"十四五"机器人产业发展规划》，提出到2025年，我国成为全球机器人技术创新策源地、高端制造集聚地和集成应用新高地。

工业机器人是集机械、电子、控制、计算机、传感器和人工智能等多学科先进技术于一体的自动化设备。为加速培养工业机器人专业人才，我国许多院校已开设机器人专业课程，但目前大多数教材和图书没有清晰的应用技术指向，也不能系统地介绍工业机器人实际操作和应用技术的多方面内容。在此背景下，我们依托广东省工业机器人集成与应用工程中心、广东技术师范大学天河学院工业机器人研发团队，与广州数控设备有限公司、广州园大智能设备有限公司合作，组织企业技术人员和院校骨干教师共同编写了本书，服务于工业机器人相关专业的核心课程教学。同时，本书内容参考了机器人有关行业职业标准，以备读者考取相关职业技能等级之需；也借鉴了全国及多省工业机器人大赛的相关要求，可作为读者备战相关大赛时的参考资料。

教学建议：教师可用64学时来讲解本书各章的内容，理论48学时，实验实训16学时。最好集中安排2周工业机器人工作站综合实训，也可根据教学层次和总学时，选学部分章节。具体学时分配建议见下表。

序号	章节内容	理论学时	实验实训学时	备　注
1	第1章　工业机器人工作站概述	4	0	
2	第2章　焊接工业机器人工作站系统	6	2	
3	第3章　搬运、码垛工业机器人工作站系统	6	2	
4	第4章　喷涂工业机器人工作站系统	4	0	
5	第5章　抛光、打磨工业机器人工作站系统	6	2	
6	第6章　装配工业机器人工作站系统	6	2	
7	第7章　包装工业机器人工作站系统	4	0	
8	第8章　柔性加工工业机器人工作站系统	6	2	
9	第9章　工业机器人离线编程	6	4	
	合　　计	48	16	
备注：建议集中安排2周工业机器人工作站编程与操作综合实训				

本书由周书兴担任主编，周绍聪担任副主编，钟奇、陈玉莲、王如意参加编写。广东技术师范大学天河学院谭海鸥、蔡敏、张世梅、李玉忠、曾孟雄、唐露新、魏文锋、许志才和林显其等为本书的编写提供了帮助。广东省工业机器人集成与应用工程中心、广东技术师范大学天河学院工业机器人研发团队、广州数控设备有限公司、广州园大智能设备有限公司、北京敏越科技有限公司等部门和企业为本书的编写提供了大量帮助。在此，向为本书的编写提供帮助的专家和相关工作人员一并致谢。

为方便教学，本书配有免费电子课件等资源，凡选用本书作为教材的教师，均可在www.cmpedu.com 和 www.gsk.com.cn 网站下载。

由于水平所限，书中不足之处在所难免，恳请广大读者批评指正。

编　者

目 录

CONTENTS

V

第**1**章

Chapter

工业机器人工作站概述

1.1 工业机器人概述

1.1.1 工业机器人的定义

工业机器人指能在人的控制下工作，并能替代人力在生产线上工作的多关节机械手或多自由度的机器装置。它可以搬运材料、零件或夹持工具，用以完成各种作业；它可以受人类指挥，也可以按照预先编排的程序运行。现代的工业机器人还可以根据人工智能技术制定的策略行动。

工业机器人由主体、驱动系统和控制系统三个基本部分组成。主体即机座和执行机构，包括臂部、腕部和手部，有的机器人还有行走机构。大多数工业机器人有 3～6 个运动自由度，其中腕部通常有 1～3 个运动自由度。驱动系统包括动力装置和传动机构，用以使执行机构产生相应的动作；控制系统按照输入的程序对驱动系统和执行机构发出指令信号，并进行控制。

工业机器人程序输入方式有离线编程输入型和示教编程输入型两类。离线编程输入型是将计算机上已编好的程序文件，通过 RS232 串口或者以太网等通信方式传送到机器人控制柜。示教编程输入型是由操作者用手动控制器（示教操纵盒），将指令信号传给驱动系统，使执行机构按要求的动作顺序和运动轨迹操演一遍。在示教过程的同时，工作程序的信息自动存入程序存储器中，在机器人自动工作时，控制系统从程序存储器中检出相应信息，将指令信号传给驱动机构，使执行机构再现示教的各种动作。

1.1.2　工业机器人的动力

工业机器人的驱动系统是带动操作机各运动副的动力源。常用的驱动方式有电动机驱动、液压驱动和气动驱动方式。

1. 电动机驱动

电动机驱动应用类型大致分为普通交流、直流电动机驱动、直流伺服电动机驱动、交流伺服电动机驱动和步进电动机驱动等。

优点：不需能量转换、控制灵活、使用方便、噪声较低和起动力矩大等。

2. 气压驱动

气压驱动方式的优点：压缩空气黏度小，容易达到高速（1m/s）；工厂一般都有空气压缩机站，可提供压缩空气，不必再额外添加动力设备，而且空气介质对环境无污染，使用安全；气动元件工作压力低，因此制造要求也低一些，价格低廉；空气具有压缩性，使系统能够实现过载自动保护。

气压驱动方式的缺点：压缩空气压力一般为0.4～0.6MPa，要想获得较大的压力，结构就要增大；空气具有压缩性，工作平稳性差，速度控制困难，要实现准确的位置控制更困难；压缩空气排水比较麻烦；排气造成噪声污染。

3. 电气驱动

电气驱动的优缺点：步进电动机多为开环控制，简单，功率较小，多用于低精度、小功率的机器人；直流伺服电动机易于控制，有较理想的机械特性，但其电刷易磨损，易形成火花；交流伺服电动机结构简单，运行可靠，可以频繁地起动、制动；交流伺服电动机和直流伺服电动机相比，没有电刷等易磨损部件，外形尺寸小，能在重载下高速运行，加速性能好，能实现动态控制和平滑运动，但控制较复杂。

1.1.3　工业机器人的机械传动机构

机器人操作机是由若干个构件和关节组成的多自由度空间机构，其运动都由驱动器经各种机械传动装置减速后驱动负载。机器人中常用的机械传动机构有齿轮条传动、蜗杆传动、滚珠丝杠传动、同步带传动、链传动和行星齿轮传动。

1. 齿轮齿条传动

旋转运动变为直线运动，如图1-1所示。

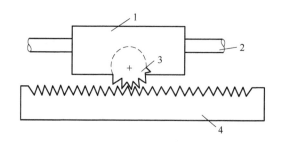

图1-1　齿轮齿条装置

1—拖板　2—导向杆　3—齿轮　4—齿条

2. 普通丝杠（丝杠螺母副）及滚珠丝杠传动

丝杠螺母副传动部件是把回转运动变换为直线运动的重要部件。

由于丝杠螺母机构是连续的面接触，因此传动中不会产生冲击，传动平稳，无噪声，并且能自锁；由于丝杠的螺旋升角较小，所以用较小的驱动力矩就可以获得较大的牵引力。丝杠螺母的螺旋面之间的摩擦是滑动摩擦，所以传动效率较低。

丝杠螺母副的改进：滚珠丝杠传动效率高，而且传动精度和定位精度都很高，在传动时灵敏度和平稳性也很好；由于滚珠丝杠的磨损小，其使用寿命比较长。丝杠和螺母的材料、热处理和加工工艺要求很高，故成本较高，如图1-2所示。

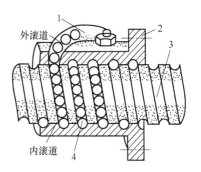

图1-2　滚珠丝杠的基本组成
1—滚珠循环返回装置　2—螺母
3—丝杠　4—滚珠

3. 谐波传动

一般电动机是高转速、低力矩的驱动器，在机器人中要用减速器将其变成低转速、高力矩的驱动器。机器人对减速器的要求如下：运动精度高，间隙小，以实现较高的重复定位精度；回转速度稳定，无波动，运动副间摩擦小，效率高；体积小，重量轻，传动转矩大。

在工业机器人中，比较合乎要求且常用的减速器是行星齿轮传动机构和谐波齿轮传动机构，如图1-3、图1-4所示。谐波传动在运动学上是一种具有柔性齿圈的行星齿轮传动。

行星齿轮传动机构的特点：传动尺寸小，惯量低；一级传动比大，结构紧凑；载荷分布在若干个行星齿轮上，内齿轮也具有较高的承载能力。

谐波齿轮传动机构的优点有：尺寸小、惯量低；误差分布在多个啮合齿上，传动精度高；预载啮合，传动间隙非常小；多齿啮合，传动具有高阻尼特性。谐波齿轮传动的缺点有：柔轮的疲劳问题；扭转刚度低；以输入轴速度2、4、6倍的啮合频率产生振动；谐波齿轮传动比行星齿轮传动具有更小的传动间隙，更轻的质量，但是刚度比行星齿轮传动差。

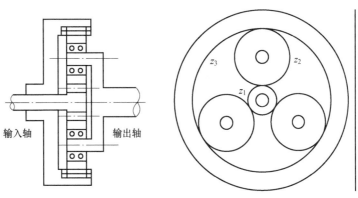

图1-3　行星齿轮传动机构简图

谐波齿轮减速装置的工作原理：通常波发生器为主动件，柔轮和刚轮为从动件，另一个为固定件。柔轮产生弹性变形成为椭圆，使两个长端的齿与刚轮的齿啮合，短轴上的齿脱开，啮入与啮出实现传动，如图1-5所示。

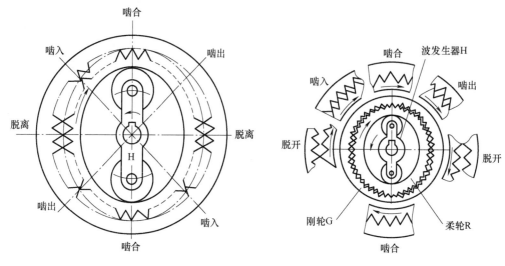

图1-4 谐波齿轮传动机构   图1-5 谐波齿轮减速装置工作原理

1.1.4 工业机器人的特点

工业机器人一般具有以下四大特征：

（1）拟人功能 工业机器人在机械结构上有与人类相似的部分，比如手爪、手腕和手臂等，这些结构都通过计算机程序来控制，能像人一样使用工具。

（2）可重复编程 工业机器人具有智力或具有感觉与识别能力，可根据其工作环境的变化进行再编程，以适应不同作业环境和动作的需要。

（3）通用性 一般工业机器人在执行不同的作业任务时具有较好的通用性，针对不同的作业任务可通过更换工业机器人手部（也称末端操作器，如手爪或工具等）来实现。

（4）机电一体化 工业机器人涉及的学科比较广泛，主要是机械学和微电子学的结合，即机电一体化技术。第三代智能机器人不仅具有获取外部环境信息的各种传感器，而且还具有记忆能力、语言能力、图像识别能力等人工智能，这些与微电子技术和计算机技术的应用紧密相连。

综上所述工业机器人的四大特征，把工业机器人应用于人类的工作和生活等各方面，将给人类带来许多方便之处，因此，可以看出工业机器人具有以下四个方面的优点：

1）减少劳动力费用，减少材料浪费，降低生产成本。

2）增加制造过程的柔性，控制和加快库存的周转。

3）提高生产率，改进产品质量。

4）消除了危险和恶劣工作环境的劳动岗位，保障安全生产。

1.2 工业机器人工作站及生产线

1.2.1 工业机器人工作站

工业机器人工作站是指使用一台或多台机器人，配有控制系统、辅助装置及周边设备，进行简单生产作业，从而达到完成特定工作任务的生产单元。工业机器人工作站一般由以下部分组成：机器人本体；机器人末端执行器；夹具和变位机；机器人架座；配套及安全装置；动力源；工件储运设备；检查、监视和控制系统。

焊接工业机器人工作站如图1-6所示。

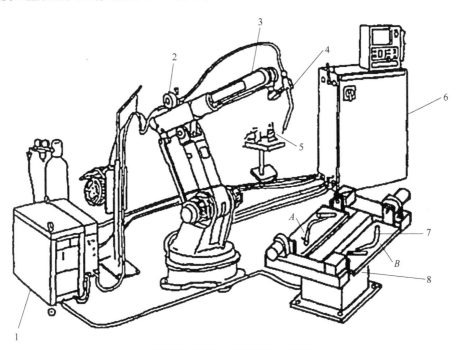

图 1-6　焊接工业机器人工作站

1—焊机　2—送丝机　3—机器人　4—末端执行器　5—焊枪清理装置

6—控制柜　7—焊接工件　8—变位机

1.2.2 工业机器人生产线

工业机器人生产线是指使用了两台或多台机器人，配有物流系统及自动控制同步系统，能够进行工序内容多且复杂的作业，同时完成几项工作任务的生产体系。在工业机器人生产线中，机器人工作站是相对独立，又与外界有着密切联系的部分。其在作业内容、周边装置、动力系统方面往往是独立的，但在控制系统、生产管理和物流系统等方面，又与其他工作站及计算机控制处理系统成为一体。机器人生产线由多个机器人工作站、物流系统和必要的非机器人工作站等组成。一汽集团 HT-120 工业机器人生产线如图1-7所示。工业机器人生产线一般包括：机器人工作站；非机器人工作站；专用装置工作站、人工处理工作站、空设站；中转仓库；机器人子生产线；物流系统；动力系统；控制系统；辅助设备及安全装置。

　　例如，特斯拉的全自动化组装生产线一共有 160 台机器人，分属四大制造环节：冲压生产线、车身中心、烤漆中心和组装中心。

　　车身中心的 Multitasking Robot 是较为先进、使用频率较高的机器人全自动化组装生

图 1-7　一汽集团 HT-120 工业机器人生产线

产线。它们都有一个巨型机械臂，能执行多种不同任务，包括车身冲压、焊接、胶合，也可以先用焊钳进行点焊，然后放开焊钳拿起夹子，胶合车身板件等工作。

1.3　工业机器人工作站的分类及应用

　　工业机器人工作站，也称机器人工作单元。它主要由机器人及其控制系统、辅助设备以及其他周边设备构成。在这种构成中，机器人及其控制系统应尽量选用标准装置，对个别特殊的场合（如冶金行业的热钢坯的搬运机器人）需设计专用机器人。而末端执行器等辅助设备以及其他周边设备，则随应用场合和工件特点的不同存在着较大差异。因此，工业机器人工作站分类主要有以下几种：

1. 焊接工业机器人工作站

　　焊接工业机器人工作站如图 1-8 所示，包括控制系统、驱动器和执行元器件（如电动机、机械机构、焊机系统）。其可以独立完成焊接工作，也可以使用在自动化生产线上，作为焊接工序的一个工艺部分，成为生产线上具有焊接功能的一个"站"。机器人焊接工作站由机器人安装底座、全数字化焊接电源、送丝系统、水冷焊枪、清枪剪丝机构和变位机等组成。

　　既然是工作站，当然是生产线的一部分，这部分依存于生产线系统的控制，是生产线流程协调性的需要；它又是一个相对独立的控制系统，因为机器人的所有操作或动作均由焊接机器人本身的控制系统来完成。主控系统和工作站之间通过信号、数据交换来完成生产线的协调工作。机器人各部件密封和防护可靠，不会出现渗漏现象；线路、管道配置合理、美观，标记清楚，便于安装使用和维护，具有良好的电磁兼容性和抗震

图 1-8　焊接工业机器人工作站

性。机构设计符合人机工程学原理，操作方便。

焊接机器人工作站，包括焊接工业机器人，前方设有举升机构，举升机构的举升臂分别位于焊接线两侧；举升臂上方空间设有固定于支架上的变位机，变位机上设有夹持随行夹具的夹紧装置，夹紧装置与举升臂的举升高度适配。采用上述技术方案的机器人焊接工作站，保证了工件得以全面有效地完成焊接，解决了随行焊接夹具的精确定位和重复定位问题，不但改善了焊接质量，提高了焊接效率，而且大大提高了焊接的自动化水平，完全可以实现机器人工作站与焊接生产线的有效配合。

2. 搬运、码垛工业机器人工作站

搬运、码垛工业机器人工作站如图1-9所示，一般具有如下一些特点：应有物品的传送装置，其形式要根据物品的特点选用或设计；可使物品准确地定位，以便于机器人抓取；多数情况下设有码垛的托板，或机动或自动地交换托板；有些物品在传送过程中还要经整形装置整形，以此保证码垛质量；要根据被报物品设计专用末端执行器；应选用适合于码垛作业的机器人；有时还设置有空托板库。

在码垛作业中，最常见的作业对象是袋装物品和箱装物品，一般来说箱装物品的外形整齐、变形小，其抓取的末端执行器多用真空吸盘和爪手；而袋装物品外形柔软，极易发生变形，因此在定位和抓取之前，应经过2、3次的整形处理，末端执行器也要根据物品特点专门设计，多用叉板式和夹钳式结构。另外，磁吸式末端执行器也是常见的一种形式。

3. 喷涂工业机器人工作站

喷涂工业机器人工作站如图1-10所示，包括喷涂防爆工业机器人、喷枪和自动换色系统。其特征包括十字旋转台和控制系统，喷涂防爆工业机器人上安设有喷枪；自动换色系统通过管道与喷枪相连，自动换色系统包括供漆装置和设在管道上并位设于供漆装置之后的换色阀组；供漆装置为多套，分别供应第一颜色漆、第二颜色漆等及清洗溶剂，换色阀组至少包括第一颜色阀、第二颜色阀等溶剂清洗阀，并分别与各套供漆装置一一对应，用于在控制系统控制下进行选色、供漆。

图1-9　搬运、码垛工业机器人工作站　　　　图1-10　喷涂工业机器人工作站

十字旋转台包括一个在水平面上旋转的公转轴，公转轴上相连有T形转台，T形转台两侧分别设有一个自转轴，自转轴上分别相连有一个工件夹持夹具，用于夹持喷涂工件，喷涂工件随自转轴同步转动；控制系统用于在十字旋转台将喷涂工件运动至喷涂工位时，控制自

动换色系统自动选色喷涂，喷涂完成后，控制十字旋转台公转，卸料，并在喷涂需要时控制十字旋转台自转而进行喷涂；在需要换色喷涂时，控制自动换色系统供应清洗溶剂进行自动清洗，然后根据目标漆色选色、供漆喷涂。

4. 抛光、打磨工业机器人工作站

该工作站配置有机器人本体、自动输送线系统、喷涂/打磨抛光工装及转台、喷涂/打磨抛光系统、集尘装置、半自动机械手上下料机构和机器人控制系统。该工作站可以对卫浴五金，如水龙头、卫浴挂件、花洒等自动打磨、抛光、拉丝等，如图 1-11 所示。

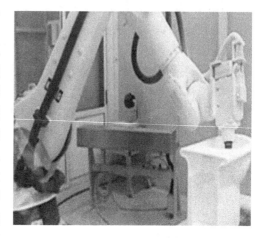

抛光、打磨工业机器人系统采用多关节工业机器人，配置动力主轴和打磨工具等，完成复杂形状铸件外形和内腔的直边与圆边的打磨去毛刺加工，实现传统去毛刺机床所不能承担的打磨工作，可以在计算机的控制下实现连续轨迹控制和点位控制。抛光、打磨工业机器人系统产品需根据被加工零部件光洁度要求配置不同的打磨机和磨头，具有可长期进行打磨作业、保证产品的高生产率、高质量和高稳定性等特点，不仅提高了工作效率和质量，避免了操作者受伤，还可以完成很多手工无法完成的

图 1-11　打磨、抛光工业机器人工作站

打磨和抛光工作，特别是对各种规格、各种复杂形状的钢类铸件进行打磨。其主要优点有：

1）提高打磨质量和产品光洁度，保证其一致性。

2）提高生产率，一天可 24h 连续生产。

3）改善工人劳动条件，可在有害环境下长期工作。

4）降低对工人操作技术的要求。

5）缩短产品改型换代的周期，减少相应的投资设备。

6）可再开发性，用户可根据不同样件进行二次编程。

7）解决长期以来的用工荒问题以及降低劳动成本。

5. 装配工业机器人工作站

装配工业机器人工作站中使用的装配工业机器人是专门为装配而设计的机器人，如图 1-12 所示。与其他工业机器人比较，它具有精度高、柔性好、工作范围小、能与其他系统配套使用等特点，目前广泛运用于各种电器制造，以及汽车计算机、玩具、机电产品及其组件的装配等方面。装配工业机器人工作站产品由机器人操作机、控制器、末端执行器、传感系统、传送设备、外围设备以及相关配置组成。其中，操作机的结构类型有水平关节型、直角坐标型、多关节型和圆柱坐标型等；控制器一

图 1-12　装配工业机器人工作站

般采用多 CPU 或多级计算机系统，实现运动控制和运动编程；末端执行器为适应不同的装配对象而设计成各种手爪和手腕等；传感系统获取装配工业机器人与环境和装配对象之间相互作用的信息。

装配工业机器人工作站每个环节的控制都必须具备高可靠性和一定的灵敏度，才能保证生产的连续性和稳定性。装配工业机器人则是工业生产中，用于装配生产线上对零件或部件进行装配的工业机器人。它属于高、精、尖的机电一体化产品，是集光学、机械、微电子、自动控制和通信技术于一体的高科技产品，具有很高的功能和附加值。合理地规划装配线可以更好地实现产品的高精度、高效率、高柔性和高质量。装配线主要包括总装线、分装线、工位器具及线上工具等。在总装线和分装线上，采用柔性输送线输送工件，并在线上配置自动化装配设备以提高效率。装配工业机器人工作站的运用对于工业生产的意义如下：

1）装配工业机器人工作站可以提高生产效率和产品质量。装配工业机器人在运转过程中不停顿、不休息，产品质量受人的因素影响较小，产品质量更稳定。

2）可以降低企业成本。在规模化生产中，一台机器人可以替代 2 ~ 4 名产业工人；机器人没有疲劳，一天可 24h 连续生产。

3）装配工业机器人工作站生产线容易安排生产计划。

4）装配工业机器人工作站可缩短产品改型换代的周期，降低相应的设备投资。

5）装配工业机器人工作站所用的机器人可以把工人从各种恶劣、危险的环境中解救出来，拓宽企业的业务范围。

1.4　工业机器人性能评判指标

表示机器人特性的基本参数和性能指标主要有工作空间、自由度、有效负载、运动精度、运动特性和动态特性等。

（1）工作空间（Work Space）　工作空间是指机器人臂杆的特定部位在一定条件下所能到达空间的位置集合。工作空间的性状和大小反映了机器人工作能力的大小。理解机器人的工作空间时，要注意以下几点：

1）通常工业机器人说明书中表示的工作空间指的是手腕上机械接口坐标系的原点在空间能达到的范围，即手腕端部法兰的中心点在空间所能到达的范围，而不是末端执行器端点所能达到的范围。因此，在设计和选用时，要注意安装末端执行器后，机器人实际所能达到的工作空间。

2）机器人说明书上提供的工作空间往往要小于运动学意义上的最大空间。这是因为在可达空间中，手臂位姿不同时有效负载、允许达到的最大速度和最大加速度都不一样，在臂杆最大位置允许的极限值通常要比其他位置的小一些。此外，在机器人的最大可达空间边界上可能存在自由度退化的问题，此时的位姿称为奇异位形，而且在奇异位形周围相当大的范围内都会出现自由度进化现象，这部分工作空间在机器人工作时都不能被利用。

3）除了在工作空间边缘，实际应用中的工业机器人还可能由于受到机械结构的限制，在工作空间的内部也存在着臂端不能达到的区域，这就是常说的空洞或空腔。空腔是指在工作空间内臂端不能达到的完全封闭空间，而空洞是指在沿转轴周围全长上臂端都不能达到的空间。

（2）运动自由度　　自由度指机器人操作机在空间运动所需的变量数，用以表示机器人动作灵活程度的参数，一般以沿轴线移动和绕轴线转动的独立运动的数目来表示。

自由物体在空间中有 6 个自由度（3 个转动自由度和 3 个移动自由度）。工业机器人往往是个开式连杆系，每个关节运动副只有 1 个自由度，因此通常机器人的自由度数目就等于其关节数。机器人的自由度数目越多，功能就越强。目前工业机器人通常具有 4～6 个自由度。当机器人的关节数（自由度）增加到对末端执行器的定向和定位不再起作用时，便出现了冗余自由度。冗余自由度的出现增加了机器人工作的灵活性，但也使控制变得更加复杂。

工业机器人在运动方式上，总可以分为直线运动（简记为 P）和旋转运动（简记为 R）两种，应用 P 和 R 可以表示操作机运动自由度的特点，如 RPRR 表示机器人操作机具有四个自由度，从基座开始到臂端，关节运动的方式依次为旋转→直线→旋转→旋转。此外，工业机器人的运动自由度还有运动范围的限制。

（3）有效负载（Payload）　　有效负载是指机器人操作机在工作时臂端可能搬运的物体重量或所能承受的力或力矩，用以表示操作机的负荷能力。

机器人在不同位姿时，允许的最大可搬运质量是不同的，因此机器人的额定可搬运质量是指其臂杆在工作空间中任意位姿时腕关节端部都能搬运的最大质量。

（4）运动精度（Accuracy）　　机器人机械系统的精度主要涉及位姿精度、重复位姿精度、轨迹精度和重复轨迹精度等。

位姿精度是指指令位姿和从同一方向接近该指令位姿时的实到位姿中心之间的偏差。重复位姿精度是指对同指令位姿从同一方向重复响应 n 次后实到位姿的不一致程度。

轨迹精度是指机器人机械接口从同一方向 n 次跟随指令轨迹的接近程度。轨迹重复精度是指对一给定轨迹在同方向跟随 n 次后实到轨迹之间的不一致程度。

（5）运动特性（Sped）　　速度和加速度是表明机器人运动特性的主要指标。在机器人说明书中，通常提供了主要运动自由度的最大稳定速度，但在实际应用中单纯考虑最大稳定速度是不够的，还应注意其最大允许加速度。

（6）动态特性　　结构动态参数主要包括质量、惯性矩、刚度、阻尼系数、固有频率和振动模态。

设计时应该尽量减小质量和惯量。对于机器人的刚度，若刚度差，机器人的位姿精度和系统固有频率将下降，从而导致系统动态不稳定；但对于某些作业（如装配操作），适当地增加柔顺性是有利的，最理想的情况是希望机器人臂杆的刚度可调。增加系统的阻尼对于缩短振荡的衰减时间、提高系统的动态稳定性是有利的。提高系统的固有频率，避开工作频率范围，也有利于提高系统的稳定性。

1.5　工业机器人工作站的发展

1. 工业机器人时代背景

随着"工业4.0"概念在德国提出，以"智能工厂、智慧制造"为主导的第四次工业革命已悄然来临。"工业4.0"是一个高科技战略计划，制造业的基本模式将由集中式控制向分散式增强型控制转变，目标是建立一个高度灵活的个性化和数字化的产品与服务的生产模式，而工业机器人作为自动化技术的集大成者，是"工业4.0"的重要组成单元。同时，"中国制造2025"提出了我国迈向制造强国的发展战略，应对新一轮科技革命和产业变革，立足我国转变经济发展方式的实际需要，围绕创新驱动、智能转型、强化基础、绿色发展和人才为本等关键环节，以及先进制造、高端装备等重点领域，提出了加快制造业转型升级、提质增效的重大战略任务和重大政策举措，工业机器人在其中发挥了不可替代的作用。

国际机器人联合会统计数据表明，2013年，全球工业机器人销售量增长12%，达到17.8万套，中国市场共销售工业机器人近3.7万套，约占全球销量1/5，总销量超越日本，成为全球第一大机器人市场。2014年，工业和信息化部统计的数据表明，中国市场共销售工业机器人约5万套，行业专家一致认为，2014年成为中国工业机器人元年，标志着中国正式进入工业机器人时代。

2016年中国工业机器人销量达到88，992套，同比增长26.6%。

2017年中国工业机器人销量达131，000套，同比增长47.2%。

2020年，中国工业机器人产量突破20万套达到23.71万套。2021年，中国工业机器人产量累计达36.60万套。2022年1—3月，我国工业机器人产量累计达10.25万套。

2. 工业机器人工作站的发展

工业机器人是面向工业领域的多关节机械手或多自由度的机器人。工业机器人是自动执行工作的机器装置，是靠自身动力和控制能力来实现各种功能的一种机器。它可以接受人类指挥，也可以按照预先编排的程序运行，现代的工业机器人还可以根据人工智能技术制定的策略行动。

工业机器人工作站在工业生产中能代替人做某些单调、频繁和重复的长时间作业，或是危险、恶劣环境下的作业，例如在冲压、压力铸造、热处理、焊接、涂装、塑料制品成形、机械加工和简单装配等工序，以及在原子能工业等部门，完成对人体有害物料的搬运或工艺操作。

工业机器人工作站配上外围辅助装置、辅助设备及输送线物流自动化系统，具有广泛的用途。机器人输送线物流自动化系统主要由以下几个部分组成：

（1）自动化输送线　将产品自动输送，并将产品工装板在各装配工位精确定位，装配完成后能使工装板自动循环；设有电动机过载保护，驱动链与输送链直接啮合，传递平稳，运行可靠。

（2）机器人系统　通过机器人在特定工位上准确、快速完成部件的装配，能使生产线达到较高的自动化程度；机器人可遵照一定的原则相互调整，满足工艺点的节拍要求；备有与上层管理系统的通信接口。

（3）自动化立体仓储供料系统　自动规划和调度装配原料，并将原料及时向装配生产线输送，同时能够实时对库存原料进行统计和监控。

（4）全线主控制系统　采用基于现场总线的控制系统，不仅有极高的实时性，更有极高的可靠性。

（5）条码数据采集系统　使各种产品制造信息具有规范、准确、实时和可追溯的特点，系统采用高档文件服务器和大容量存储设备，快速采集和管理现场的生产数据。

（6）产品自动化测试系统　测试最终产品性能指标，将不合格产品转入返修线。

（7）生产线监控/调度/管理系统　采用管理层、监控层和设备层三级网络对整个生产线进行综合监控、调度及管理，能够接受车间生产计划，自动分配任务，完成自动化生产。

我国工业机器人产业的发展对地区的工业基础和相关科研实力有较高要求。目前，我国工业机器人产业主要集中于东北、京津冀、珠三角和长三角地区。东北地区是我国老工业基地，是最早从事工业机器人生产的地区；京津冀地区因其技术优势，工业机器人产业也有所发展，主要企业覆盖领域包括工业机器人及其自动化生产线、工业机器人集成应用、工业机器人技术咨询等产品和服务；长三角地区是我国汽车制造业和电子制造企业集中地，也是重要的机器人公司集聚地，江苏省有五座城市正在建设机器人产业园；珠三角地区工业机器人企业主要集中在深圳、顺德、东莞、广州和中山。我国工业机器人产业化发展战略思考，需要注意以下三点：

1）避硬就软、强化服务和应用突破规模是出路。工业机器人未来应用在汽车、电子制造、食品饮料和制药等不同领域，拥有很大的市场空间，但其系统集成技术存在较大差异。我国工业机器人在加速产业化进程方面，要着重强化行业应用和客户服务，突破特殊工况下机器人工艺和系统集成技术。例如，焊接、搬运、打磨、喷涂和装配工业机器人与周边工作站的工装夹具、传送装置、检测装置和操作对象等紧密结合，可发挥行业应用和客户服务等软实力优势，暂时避开关键零部件和机器人本体等硬件的不足，避硬就软，提升软实力，优先带动产业规模增长是机器人产业化发展战略的出路。

2）稳扎稳打、夯实技术基础和降低成本是关键。从目前我国机器人生产模式看，其单价如果不降低，产业化形成将面临困难。机器人共有 4 大组成部分：机器人本体成本占 22%，伺服系统占 24%，减速器占 36%，控制器占 12%，其他占 6%。三大核心部件（伺服、减速器、控制器）决定了产品的性能、质量和价格。我国机器人三大核心部件主要依赖进口，造成其成本过高，规模效应难以形成，产业化进程缓慢。因此，我国工业机器人在技术层面需要坚持稳扎稳打的发展路线，通过夯实基础技术、突破核心技术和降低产品成本，提升我国工业机器人整体水平和竞争力，是机器人产业化战略的关键。

3）兼并重组、培育龙头和扶持自主品牌是抓手。受国家政策鼓励的影响，我国机器人相关企业如雨后春笋，数量迅速扩大，尤其是近两年。据不完全统计，目前我国已有机器人生产企业 400 余家，但以中小企业为主，具备行业影响力和较高知名度的仅数十家，尚没有年产销量突破 1000 台的企业。龙头企业缺失是我国工业机器人产业化的一大问题，因此，要鼓励实施兼并重组，通过兼并重组快速培育龙头企业，扶持和发展具备行业竞争力和影响力的民族品牌，形成龙头企业引领产业发展的格局，是机器人产业化发展战略的抓手。

3. 我国工业机器人市场快速增长的原因

我国工业机器人市场之所以迅速地增长，主要源于以下三点：

（1）劳动力的供需矛盾　劳动力成本上升和劳动力供给下降，在很多产业，尤其在中低端制造产业，劳动力供需矛盾非常突出，这对实施"机器换人"计划提出了迫切需求。

（2）企业转型升级的迫切需求　随着全球制造业转移的持续深入，先进制造业回流，我国的低端制造业面临产业转移和空心化风险。因此，我国的制造业企业迫切需要转变传统的制造模式，降低企业运行成本，提高企业生产效率，完善工厂的自动化、智能化改革。工业机器人的大量应用，是企业转型升级的重要手段。

（3）国家战略需求　工业机器人作为高端制造装备的重要组成部分，技术附加值高，应用范围广，是我国先进制造业的重要支撑技术和信息化社会的重要生产装备，对未来生产、社会发展以及增强军事国防实力有十分重要的意义。

4. 行业人才需求和培养

对于院校来说，主要精力应放在应用型人才培养，而具体到工业机器人专业教育方面，则应以培养工业机器人调试工程师和操作及维护人员为主要目标，使学生具有扎实的工业机器人理论知识基础、熟练的工业机器人操作能力和丰富的工业机器人调试与维护经验。这些学生毕业后主要面向工业机器人应用企业和工业机器人系统集成商，同时，部分优秀学生可进入工业机器人生产企业，接触到工业机器人核心技术，为工业机器人发展贡献自己的力量，同时能获得一个更加光明的职业前景。

工业革命，教育先行。学校作为人才培养的重要平台，自然应站在机器人时代发展的风口浪尖上，提前布局，做好人才培养的准备。当然，在当前新形势下，要快速推动机器人专业人才的培养，单纯依靠学校的力量，显得较为薄弱。因此，必须采取校企联合、合作共建的模式，将企业的机器人实际应用经验、研发经验与学校教学模式相结合，共同推进工业机器人及其智能制造专业教育与人才培养。

思考与练习

1. 简述工业机器人工作站的定义。
2. 简述工业机器人生产线的组成。工业机器人与工作站的区别在哪里？画出其系统简图。
3. 工业机器人工作站的设计原则有哪些？
4. 简述工业机器人工作站的分类。
5. 机器人输送线物流自动化系统主要由哪几部分组成？
6. 工业机器人性能指标有哪些？

第2章

Chapter

焊接工业机器人工作站系统

1962年，美国推出世界上第一台 Unimate 型和 Versatra 型工业机器人，到1996年底全世界已有68万台工业机器人投入到生产领域应用，其中约有1/2是焊接工业机器人。随着科学技术的不断发展，焊接自动化技术有了飞跃性的进步，从焊接刚性自动化的传统方式过渡到柔性自动化生产方式。刚性自动化一般适用于中、大批量的生产，柔性自动化适用于单件小批量生产，代替手工焊接，焊接工业机器人使小批量产品也能实现自动化生产。

焊接工业机器人是一种高度自动化的焊接设备，采用机器人代替手工焊接作业是焊接制造业的发展趋势，是提高焊接质量、降低成本及改善工作环境的重要手段。采用机器人进行焊接，光有一台机器人是不够的，还必须配备外围设备，即组成工作站系统。日本 OTC FD-B4L 弧焊工业机器人工作站如图2-1所示。

图2-1 日本 OTC FD-B4L 弧焊工业机器人工作站

焊接工业机器人工作站系统广泛用于汽车及其零部件制造，以及摩托车、五金交电、工程机械、航空航天、化工等行业的焊接工程。

2.1 焊接工业机器人工作站的组成和分类

2.1.1 焊接工业机器人工作站的组成及性能指标

1. 焊接工业机器人工作站的组成部分

焊接工业机器人工作站系统是以焊接工业机器人为核心，控制器、安全防护系统、操作台、回转工作台、变位机、焊接夹具和焊接系统（焊接电源、焊枪、自动送丝机构、水箱）等设备相结合的系统。焊接系统结构合理，操作方便，适合大批量、高效率、高质量和柔性化的生产。焊接工业机器人工作站三维布局图如图 2-2 所示，通常由以下几部分组成：

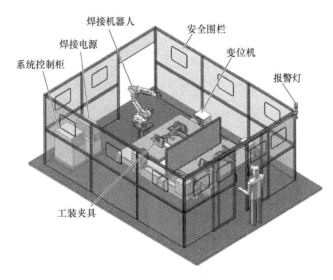

图 2-2 焊接工业机器人工作站三维布局图

1）焊接工业机器人，一般是伺服电动机驱动的 6 轴关节式操作机，由驱动器、传动机构、机械手臂、关节以及内部传感器等组成。焊接工业机器人的任务是精确地保证机械手末端（焊枪）所要求的位置、姿态和运动轨迹。

2）系统控制柜，是机器人系统的神经中枢，包括计算机硬件、软件和一些专用电路，负责处理机器人工作过程中的全部信息和控制全部动作。

3）焊接电源系统，包括焊接电源、专用焊枪等。焊枪清理装置主要包括剪丝、沾油、清渣以及喷嘴外表面的打磨装置。剪丝装置主要用于用焊丝进行起始点检出的场合，以保证焊丝的伸长度一定，提高检出的精度；沾油是为了使喷嘴表面的飞溅易于清理；清渣是清除喷嘴内表面的飞溅，以保证保护气体的通畅；喷嘴外表面的打磨装置主要用于清除外表面的飞溅。

4）焊接安全保护设施，用于降低焊接过程中有毒有害气体、粉尘和噪声等对身体的危害程度，提高作业安全系数。

5）焊接工装夹具及变位机构等，用于装夹和承载工件使其回转和倾斜，可以得到最佳的焊接姿势和位置。

焊接变位机是通过倾斜和回转动作，将工件置于便于实施焊接作业位置的机械或机器。焊接变位机与机器人连用可缩短辅助时间，提高劳动生产率，改善焊接质量。焊接变位机在机器人焊接作业中是不可缺少的周边设备，根据实际生产的需要焊接变位机可以有多种形式。从驱动方式来看，有普通直流电动机驱动、普通交流电动机驱动及可以与机器人同步协调运动的交流伺服驱动。

2. 焊接工业机器人的系统构成

工业机器人操作机是焊接机器人系统的执行机构，它由驱动器、传动机构、机器人手臂、关节以及内部传感器（编码盘）等组成。它的任务是精确地保证末端操作器所要求的位置、姿态和实现其运动。根据定义，工业机器人操作机从结构上应具有 3 个以上的可自由编程的运动关节，分为主要关节和次要关节两个层次，不同数目和层次关节组合决定了相应的机器人工作空间。由于具有 6 个旋转关节的铰接开链式机器人操作机，从运动学上已被证明，能以最小的结构尺寸获取最大的工作空间，并且能以较高的位置精度和最优的路径达到指定位置，因而这种类型的机器人操作机在焊接领域得到广泛运用。

变位机作为机器人焊接生产线及焊接柔性加工单元的重要组成部分，其作用是将被焊工件旋转（平移）到最佳的焊接位置。在焊接作业前和焊接过程中，变位机通过夹具来装卡和定位被焊工件，对工件的不同要求决定了变位机的负载能力及其运动方式。为了使机器人操作机充分发挥效能，焊接机器人系统通常采用两台变位机，当其中的一台进行焊接作业时，另一台则完成工件的上装和卸载，从而使整个系统获得最高的费用效能比。

机器人控制器是整个机器人系统的神经中枢，它由计算机软件、硬件和一些专用电路构成，其软件包括控制器系统软件、机器人运动学软件、机器人控制软件、机器人自诊断及自保护软件等。控制器负责处理焊接机器人工作过程中的全部信息和控制其全部动作。所有现代机器人的控制器都是基于多处理器的，根据操作系统的指令，工业控制计算机通过系统总线实现对不同组件的驱动及协调控制。

焊接系统是焊接工业机器人完成作业的核心装备，主要由焊钳（点焊机器人）、焊枪（弧焊机器人）、焊接控制器，以及水、电、气等辅助部分组成。焊接控制器是由微处理器及部分外围接口芯片组成的控制系统，它可根据预定的焊接监控程序，完成焊接参数输入、焊接程序控制及焊接系统的故障自诊断，并实现与本地计算机及手控盒的通信联系。用于弧焊工业机器人的焊接电源及送丝设备，由于参数选择的需要，必须由机器人控制器直接控制，电源在其功率和接通时间上必须与自动过程相符。

在焊接过程中，尽管机器人操作机、变位机、装夹设备和工具能达到很高的精度，但由于存在被焊工件几何尺寸和位置误差，以及焊接过程中热输入引起工件的变形，传感器仍是焊接过程中（尤其是焊接大厚工件时）不可缺少的设备。传感器的任务是实现工件坡口的定位、跟踪以及焊缝熔透信息的获取。

中央控制计算机在工业机器人向系统化、PC 化和网络化的发展过程中发挥着重要的作用。通过串行接口与机器人控制器相连接，中央控制计算机主要用于在同一层次和不同层次的计算机之间形成网络，同时与传感系统相配合，实现焊接路径和参数的离线编程、焊接专家系统的应用及生产数据的管理。

安全设备是焊接工业机器人系统安全运行的重要保障，主要包括驱动系统过热自断电保护、动作超限位自断电保护、超速自断电保护、机器人系统工作空间干涉自断电保护及人工急停断电保护等，起到防止机器人伤人或周边设备的作用。在机器人的工作部还装有各类触觉和接近传感器，可以使机器人在过分接近工件或发生碰撞时停止工作。

3. 焊接工业机器人的性能指标

焊接工业机器人的主要性能指标以日本安川电机公司生产的 Motoman-L10 为例介绍如下：

1）名称与型号：Motoman-L10。

2）主要用途：弧焊。

3）类别：示教再现型。

4）坐标形式：多关节式。

5）自由度数：5 个。

6）抓重：最大 10kg（包括夹钳）。

7）动作范围与速度：运动参数列表见表 2-1。

表 2-1 Motoman-L10 运动参数

运动自由度	动作范围	速 度
整机摆动	240°	90（°）/s
上臂俯仰	+20° ~ -40°	1100mm/s
上臂前后	±40°	800mm/s
手腕弯曲	180°	100（°）/s
手腕旋转	360°	150（°）/s

8）定位方式：选用增量编码器作为位置检测元件。

9）控制方式：重复式数字位置控制方式，可精确控制运动轨迹。

10）重复定位精度：±0.1mm。

11）驱动方式：电伺服，采用交流测速发电机作为伺服电动机的速度检测元件，实现速度反馈，并引进力矩反馈。

12）驱动源：DC 伺服电动机。

13）程序控制和存储方式：采用 8 位微处理 Intel8080 用半导体存储器作为主存（盒式磁带补充主存容量的不足）。

14）程序步数：1000 步，指令条数：600 条。

15）质量：本体 400kg，控制部分 350kg。

16）外部同步信号：输入 22 点，输出 21 点。

17）电源：AC 220/220V（+10%，-15%），50/60Hz±1Hz，三相 5kV·A。

2.1.2 焊接工业机器人工作站系统的分类

焊接工业机器人工作站系统有多种，现简单介绍以下几种：

1. 箱体焊接工业机器人工作站

箱体焊接工业机器人工作站是专门针对箱体类工件，生产量大，结构复杂，焊接质量及尺寸要求高等而开发的机器人工作站专用装备。

箱体焊接工业机器人工作站由弧焊机器人、焊接电源、焊枪送丝机构、回转双工位变位机、工装夹具和控制系统组成。该工作站适用于各式箱体类工件的焊接，在同一工作站内通过使用不同的工装可实现多品种的箱体焊接，焊接的相对位置精度高，双工位的设计大大提高了生产效率。KUKA 箱体焊接工业机器人可完成对不锈钢箱体工件的焊接，如图 2-3 所示。

2. 轴类工件焊接工业机器人工作站

轴类工件焊接工业机器人工作站是专门针对轴类工件焊接而开发的专用设备。某轴类工件焊接工业机器人工作站，如图 2-4 所示。

图 2-3　KUKA 箱体焊接工业机器人　　　　图 2-4　轴类工件焊接工业机器人工作站

轴类工件焊接工业机器人工作站多采用单轴单工位配置，外部轴采用卧式机床结构，尾座轴向可调，头尾双气动卡盘夹紧方式，设置辅助中心托架。该系统特点是焊接机械手选用综合性能好的机器人为系统核心，控制器、安全防护系统、操作台、回转工作台、变位机、焊接夹具和焊接系统等可采用进口设备相结合，既保证系统先进可靠，又降低成本。

焊接机械手结构合理，操作方便，适合大批量、高效率、高质量及柔性化生产，可以焊接低碳钢、不锈钢、铝材和铜材等轴类工件。焊接工业机器人能够灵活调整焊接状态，对于结构复杂的零部件配以各种辅助工装夹具，形成焊接流水线，能够实现最佳的焊接效果。

3. 螺柱焊接工业机器人工作站

螺柱焊接工业机器人工作站采用 PLC 总控制方式，主要包括：对机器人控制，实现手动、自动的操作方式，并保持和机器人的实时通信，在机器人出现故障时能及时反馈信号并停止后续操作；与采用的人机控制界面（触摸屏）进行通信，实现对焊接夹具等工装的控制要求，满足人工操作和工件的装夹。

针对系统单元不同的工作程序，如主程序、夹具子程序及螺柱焊枪导电嘴更换程序等，通过 I/O 口设计不同的信号，在按下起动按钮后，PLC 将相应信号发送给机器人，由其调用执行不同的子程序，实现相应的动作。FANUC R-2000iB 机器人进行螺柱焊接如图 2-5 所示。

4. 激光焊接工业机器人工作站

激光焊接的特点是被焊接工件变形极小，几乎没有连接间隙，焊接深宽比高，因此焊接质量比传统焊接方法高。激光焊接过程监测与质量控制是激光利用领域的一个重要内容，包括利用电感、电容、声波和光电等各种传感器，通过电子计算机处理，针对不同焊接对象和要求，实现诸如焊缝跟踪、缺陷检测和焊缝质量监测等项目，通过反馈控制调节焊接参数，从而实现自动化激光焊接。激光焊接工业机器人工作站如图 2-6 所示。

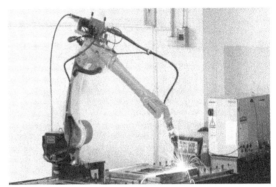

图 2-5　FANUC R-2000iB 机器人进行螺柱焊接　　图 2-6　激光焊接工业机器人工作站

2.2　焊接工业机器人

2.2.1　焊接工业机器人的分类

焊接工业机器人是从事焊接的工业机器人。根据国际标准化组织（ISO）的定义，工业机器人是一种多用途的、可重复编程的自动控制操作机，具有 3 个或更多可编程的轴，用于工业自动化领域。为了适应不同的用途，机器人最后一个轴的机械接口通常是一个连接法兰，可接装不同工具或称为末端执行器。焊接工业机器人就是在末轴法兰装接焊钳或焊（割）枪的机器人，可进行焊接、切割或热喷涂。焊接工业机器人外形如图 2-7 所示。

焊接工业机器人可按用途、结构、受控运动方式和驱动方式等分类。

1. 按用途分类

（1）弧焊工业机器人　由于弧焊工艺早已在诸多

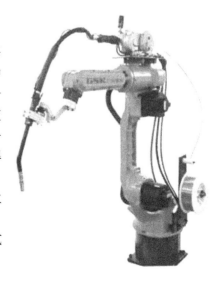

图 2-7　焊接工业机器人外形

行业中得到普及，弧焊工业机器人在通用机械、金属结构等许多行业中得到广泛运用。弧焊工业机器人是包括各种电弧焊附属装置在内的柔性焊接系统，而不只是一台以规划的速度和姿态携带焊枪移动的单机，因而对其性能有着特殊的要求。在弧焊作业中，焊枪应跟踪工件的焊道运动，并不断填充金属形成焊缝。因此，运动过程中速度的稳定性和轨迹精度是两项重要指标。一般情况下，焊接速度取 5 ~ 50mm/s，轨迹精度为 ±0.2 ~ ±0.5mm，由于焊枪的姿态对焊缝质量有一定影响，因此，在跟踪焊道的同时，焊枪姿态的可调范围应尽量大。一些基本性能要求为：①设定焊接条件（电流、电压和速度等）；②摆动功能；③坡口填充功能；④焊接异常功能检测；⑤焊接传感器（起始点检测、焊道跟踪）的接口功能。

（2）点焊工业机器人　汽车工业是点焊工业机器人系统的一个典型应用领域，在装配每台汽车车体时，大约60%的焊点由机器人完成。最初，点焊工业机器人只用于增强焊作业（往已拼接好的工件上增加焊点），后来为了保证拼接精度，又让机器人完成定位焊接作业，具体有：①安装面积小，工作空间大；②快速完成小节距的多点定位（例如每0.3 ~ 0.4s移动30 ~ 50mm节距后定位）；③定位精度高（±0.25mm），以确保焊接质量；④持重大（50 ~ 100kg），以便携带内装变压器的焊钳；⑤内存容量大，示教简单，节省工时；⑥定位焊速度与生产线相匹配，同时安全可靠性好。

2. 按结构坐标特点分类

（1）直角坐标型机器人　直角坐标型机器人结构如图 2-8a 所示，主要以直线运动轴为主，各个运动轴通常对应直角坐标系中的 x 轴、y 轴和 z 轴，一般 x 轴和 y 轴是水平面内运动轴，z 轴是上下运动轴。在一些应用中 z 轴上带有一个旋转轴，或带有一个摆动轴和一个旋转轴。在绝大多数情况下直角坐标型机器人的各个直线运动轴间的夹角为直角。

直角坐标型机械手可以在三个互相垂直的方向上做直线伸缩运动，这类机械手各个方向的运动是独立的，计算和控制比较方便，但占地面积大，限于特定的应用场合，有较多的局限性。

（2）圆柱坐标型机器人　圆柱坐标型机器人的结构如图 2-8b 所示，R、θ 和 x 为坐标系的三个坐标，其中 R 是手臂的径向长度，θ 是手臂的角位置，x 是垂直方向上手臂的位置。如果机器人手臂的径向坐标 R 保持不变，机器人手臂的运动将形成一个圆柱表面。

圆柱坐标型机械手有一个围绕基座轴的旋转运动和两个在相互垂直方向上的直线伸缩运动。它适用于采用液压（或气压）驱动机构，在操作对象位于机器人四周的情况下，操作最为方便。

（3）极坐标型机器人　极坐标型机器人又称为球坐标型机器人，其结构如图 2-8c 所示，R、θ 和 β 为坐标系的坐标。其中，θ 是绕手臂支撑底座垂直的转动角，β 是手臂在铅垂面内的摆动角。这种机器人运动所形成的轨迹表面是半球面。

极坐标型机械手的动作形态包括围绕基座轴的旋转、一个回转和一个直线伸缩运动，其特点类似于圆柱型机械手。

（4）多关节机器人　多关节机器人如图 2-8d 所示，它以各相邻运动部件之间的相对角位移作为坐标系。θ、α 和 Φ 为坐标系的坐标，其中 θ 是绕底座铅垂轴的转角，Φ 是过底座的水平线与第一臂之间的夹角，α 是第二臂相对于第一臂的转角。多关节机器人的手臂可以达到球形体积内绝大部分位置，所能达到区域的形状取决于两个臂的长度比例。

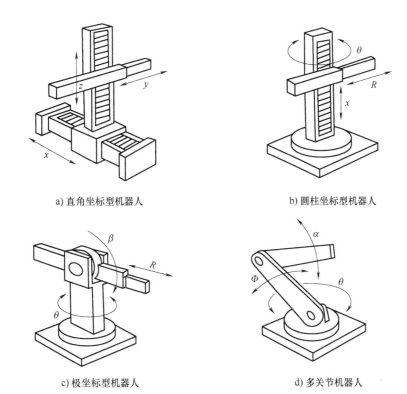

a) 直角坐标型机器人　　　　　b) 圆柱坐标型机器人

c) 极坐标型机器人　　　　　d) 多关节机器人

图2-8　焊接工业机器人结构坐标

3. 根据受控运动方式分类

（1）点位控制（PTP）型　点位控制（PTP）型机器人受控运动方式为自一个点位目标移向另一个点位目标，只在目标点上完成操作。点位控制要求机器人在目标点上有足够的定位精度，相邻目标点间的运动方式之一是各关节驱动机以最快的速度趋近终点，各关节视其转角不同而到达终点有先有后；另一种运动方式是各关节同时趋近终点，由于各关节运动时间相同，所以角位移大的运动速度较高。点位控制型机器人主要用于点焊作业。

（2）连续轨迹控制（CP）型　连续轨迹控制（CP）型机器人各关节同时做受控运动，使机器人终端按预期的轨迹和速度运动，为此各关节控制系统需要实时获取驱动机的角位移和角速度信号。连续控制主要用于弧焊机器人。

4. 按驱动方式分类

（1）气压驱动　气压驱动使用压力通常为0.4～0.6MPa，最高可达1MPa。气压驱动的主要优点是气源方便（一般工厂都由压缩空气站供应压缩空气），驱动系统具有缓冲作用，结构简单，成本低，易于保养；主要缺点是功率质量比小，装置体积大，定位精度不高。气压驱动机器人适用于易燃、易爆和灰尘大的场合。

（2）液压驱动　液压驱动系统的功率质量比大，驱动平稳，且系统的固有效率高，快速性好。液压驱动调速比较简单，能在很大范围内实现无级调速；其主要缺点是易漏油，不仅影响工作稳定性与定位精度，而且污染环境。液压系统需配备压力源及复杂的管路系统，因而成本较高。液压驱动多用于要求输出力较大，运动速度较低的场合。

（3）电气驱动　电气驱动是利用各种电动机产生的力或转矩，直接或经过减速机构驱动负载，以获得要求的机器人运动。由于具有易于控制，运动精度高，使用方便，成本低廉，驱动效率高，不污染环境等诸多优点，电气驱动是最普遍、应用最多的驱动方式。电气驱动又可细分为步进电动机驱动、直流电动机驱动、无刷直流电动机驱动和交流伺服电动机驱动等多种方式。无刷直流电动机驱动和交流伺服电动机驱动有着最大的转矩质量比，由于没有电刷，其可靠性极高，几乎不需任何维护。20世纪90年代后生产的机器人大多采用这种驱动方式。

2.2.2 机器人焊接的特点及注意事项

1. 机器人焊接的特点

机器人是由计算机控制的、具有高度柔性的可编程自动化装置，因此利用机器人焊接具有以下特点：

1）机器人能适应产品多样化，有柔性，在一条生产线上可以混流生产若干种类型的产品，同时，对于生产量的变动和型号的更改，能迅速地改进生产线的编组更替，发挥投资的长期效果，这是专用的自动化生产线不能比拟的。

2）使用机器人焊接，可提高产品质量。为了使焊接作业机器人化，需要改变装配方法和加工工序，所以要提高诸如供给设备的零件、夹具和搬运工具等的精度，这些关系到产品的精度和焊接质量的提高。焊接作业机器人化可得到稳定的高质量产品。

3）使用机器人焊接可提高生产率。机器人的作业效率不随作业者变动，可以稳定生产计划，从而提高生产率。

2. 机器人焊接的注意事项

（1）必须进行示教作业 在机器人进行自动焊接前，操作人员必须示教机器人焊枪的轨迹和设定焊接条件等。由于必须示教，所以机器人不面向多品种少量生产的产品焊接。

（2）必须确保工件的精度 机器人没有眼睛，只能重复相同的动作；机器人轨迹精度为±0.1mm，以此精度重复相同的动作；焊接偏差大于焊丝半径时，有可能焊接不好，所以工件精度应保持在焊丝半径之内。

（3）焊接条件的设定取决于示教作业人员的技术水平 操作人员进行示教时必须输入焊接程序、焊枪姿态和角度，以及电流、电压、速度等焊接条件。示教操作人员必须充分掌握焊接知识和焊接技巧。

（4）必须充分注意安全 机器人是一种高速的运动设备，在其进行自动运行时绝对不允许人靠近（必须设置安全护栏）；操作人员必须接受安全方面的专门教育，否则不准操作。

2.3 焊接工业机器人工作站周边设备

焊接工业机器人工作站周边设备通常是指机器人移动滑轨、变位机和工作台等。机器人本体和这些周边设备的组合，确保焊接工业机器人处于最佳的焊接姿态，从而减少飞溅和焊接缺陷，实现高质量焊接和高速焊接，提高操作者的安全性等。

1. 周边设备的分类

周边设备分类和使用目的及效果见表2-2。

表2-2　周边设备分类和使用目的及效果

序号	设备名称	使用目的及效果
1	机器人滑轨	搭载机器人本体使其运动，适应于大型工件和宽广的作业空间
2	变位机	承载工件使其回转和倾斜，可以得到最佳的焊接姿势
3	工作台	从机器人动作范围内把工件安装台移进移出，可以确保操作者的安全

周边设备模型和实物图如图2-9所示。

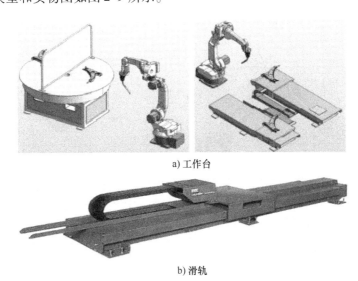

a) 工作台

b) 滑轨

图2-9　周边设备模型和实物图

2. 周边设备的驱动方式

周边设备的驱动方式有空气驱动方式、伺服电动机驱动方式及以机器人外部轴驱动方式。各个驱动方式的特点见表2-3。

表2-3　周边设备驱动方式特点

驱动方式	特点
空气驱动方式	可以用一般工厂随处都有的空气驱动 通过空气的 IN/OUT 驱动，所以设备费便宜 不能控制周边设备的速度 不能和机器人协调
伺服电动机驱动方式	可以控制周边设备位置、速度 不能和机器人协调
机器人外部轴驱动方式	可以通过机器人控制柜控制伺服电动机 可以控制周边设备位置

3. 使用变位机的优点

使用变位机主要可以达到避免干涉，实现最佳焊接姿态。

1）使用变位机使工件旋转可以避免干涉，提高焊接效率。如图2-10所示，左侧系统工

23

件前端即使可以焊接到，但反面焊接时机器人手臂会有干涉，不易取得好的焊接姿势。右侧系统通过变位机使工件回转的同时可以进行焊接，所以可以实现无接缝的高质量焊接。

2）使用变位机可将工件调整到不受引力影响的船形焊接的位置，减少焊接缺陷的发生，实现高质量的焊接，提高了焊接速度。如图 2-11 所示，左侧水平角焊和船形焊接相比，由于受重力影响会发生熔融金属流溢，在对有间隙和位置偏移等对焊接不利的情况的接头进行焊接时，容易产生咬边或满溢等焊接缺陷。右侧由于熔融金属处于稳定状态，能够实现焊缝美观的高品质焊接，容易得到更大的焊脚尺寸。焊接稳定，可以提高焊接速度，整体上焊接速度可以提高 20%。

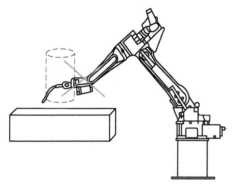
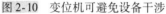

图 2-10　变位机可避免设备干涉　　　　　　图 2-11　变位机

4. 周边设备的控制

进行船形焊接时，要通过周边设备，边改变工件的姿态边进行焊接，因此需要让机器人和周边设备进行协调动作。

同时控制是指焊接机器人本体和变位机、滑轨不考虑相互的焊接速度和姿态，分别进行移动。协调软件控制是指机器人本体和变位器、滑轨按照各自示教的姿态进行协调动作。另外，不仅姿态，焊接速度也按照示教进行协调动作。

协调软件控制由于焊接中可以改变工件姿态，并控制焊接工业机器人和周边夹具的相对速度，达到保持船形焊姿态，实现高品质且高速的焊接，减少了容易出现缺陷的起弧部分和结束部分，形成漂亮的外观。总之，协调软件控制提高了焊接品质，减少了手工修补作业和示教作业，提高了作业效率。

2.4　管状横梁工业机器人焊接工作站系统的应用实例

2.4.1　管状横梁基础资料及焊接工艺质量要求

1. 工件及尺寸

图 2-12、图 2-13 所示为管状横梁工件及其尺寸。

工件简要说明：管状横梁主要由中间弯管、两侧法兰及两端加强筋组焊而成，焊缝形式多为对接焊缝，结构类似。

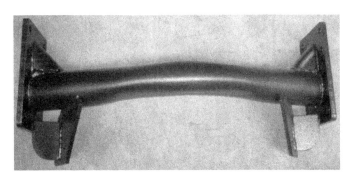

图 2-12　管状横梁工件

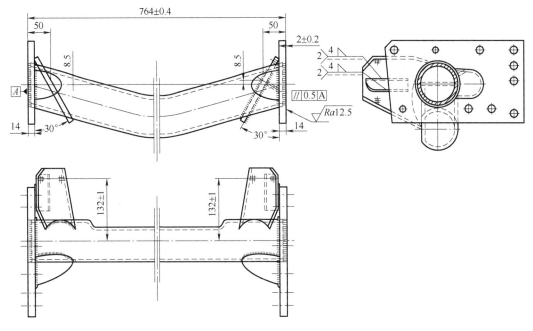

图 2-13　管状横梁工件尺寸

2. 用户要求

1) 被焊工件图号名称：管状横梁。

2) 被焊工件规格范围：长度为 764mm。

3) 材质及板厚：Q235，5.0～16mm。

4) 被焊工件质量：≤50kg。

5) 被焊产品的焊缝质量要求：①焊缝成型饱满，过渡圆滑。②满足图样焊脚尺寸要求。

3. 自动化焊接对工件质量及精度的要求和其他要求

1) 工件焊缝周围 10mm 内不得有影响焊接质量的油锈、水分和氧化皮等。

2) 工件上不得有影响定位的流挂和毛刺等缺陷因素。

3) 不同工件在点焊夹具上定位后，焊缝位置度重复定位偏差不超过 ±0.5mm。

4. 焊接工艺

1）焊接方法：MAG。

2）保护气成分及焊丝直径：80% Ar + 20% CO_2，焊丝直径 $\phi1.0 \sim \phi1.2$mm。

3）焊接方式：散件。

4）工件装卸方式：人工装卸料。

5. 工件装件简要说明

如图2-14、2-15所示，工件分两次装夹。

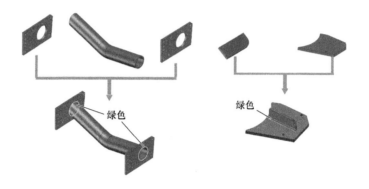

图2-14　管状横梁工件第一次装件图（法兰与弯管及两加强片）

注：图中绿色部分为（内侧）焊缝位置，两侧对称。

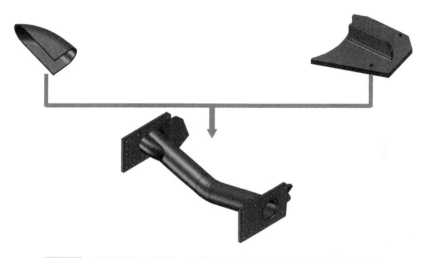

图2-15　管状横梁工件第二次装件图（U形加强筋及加强片组件）

2.4.2　焊接工作站概述

工作站采用单机器人配三轴气动回转变位机的焊接方式，两个工位操作，A工位装夹，B工位焊接。工作站主要包括弧焊机器人、焊接电源、送丝系统、三轴气动回转变位机、焊接夹具、清枪器和系统集成控制柜等。

1. 工作站二维布局图

管状横梁焊接工作站二维布局图如图2-16所示（以实际设计为准）。

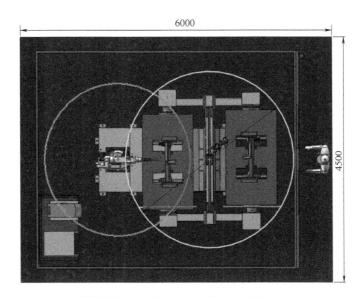

图 2-16 管状横梁焊接工作站二维布局图

2. 工作站操作流程

将工件在焊接夹具上装夹→起动机器人→三轴气动旋转变位机旋转 180°→A 工位焊接完成→三轴气动旋转变位机旋转 180°→A 工位二次装夹（B 工位焊接）→B 工位焊接完成→三轴气动旋转变位机旋转 180°→机器人 A 工位焊接（B 工位装夹）→将工件卸载→进行下一循环。

3. 设备配置清单（见表 2-4）

表 2-4 设备配置清单

名 称		型号及配置	厂家	数量	备注
弧焊工业机器人	机器人本体及控制器	型号：OTC FD-V6 弧焊工业机器人	日本 OTC	1 套	
		配置：标准配置机器人本体、FD11 控制箱			
	机器人底座	型号：高强度钢机构	珠海固得	1 套	
焊接设备	MAG 焊接电源系统	型号：OTC DM-500	日本 OTC	1 套	
		配置：焊接电源、送丝机、空冷焊枪、防撞器等			
周边设备	三轴气动回转变位机	型号：RTH-AM-0.5x1500	珠海固得	1 套	
		配置：电动机、减速机			
	机器人焊接夹具	型号：根据工件定制、手动、气动相结合	珠海固得	2 套	一种规格
		主要配置：气缸			
系统控制设备	控制系统	配置：起动盒、配线盒等	珠海固得	1 套	
辅助装置	清枪器	型号：BRS-CC（清枪）	德国宾采尔	1 套	
安全防护装置	安全围栏	非标	客户自制	1 套	

4. 主要配置及功能简介

1) OTC FD-V6 弧焊工业机器人。

2) 全中文操作界面，简单易懂，同时可支持 6 种语言选择。

3) 工作半径长，标准焊接工业机器人工作半径可达 1.4m，加长型可达 2m（不包含焊枪）。

4) 运动速度高，最高可高于同等其他机器人 40%，各轴运动速度分别是 210（°）/s，210（°）/s，210（°）/s，420（°）/s，420（°）/s，620（°）/s。

5) 高效防碰撞功能，焊枪防碰撞传感器，伺服防碰撞传感器。

6) 高效防尘，防尘等级大，IP54 级别。

7) 电缆内置，有效提高第 6 轴工作范围（B4 机器人独有，其他机器人不具备）。

8) 内置 PLC，可以节省外部 PLC（I/O 点 64 个）。

9) 多种方式链接区域网、I/O 接口、DeviceNet 和 CC-Link 等。

10) 外部轴同步协调功能：可以在示教盒上操作外部轴，使机器人和外部轴同步动作，完成复杂焊缝的焊接。

11) 电弧监控功能：示教盒上能够对焊接电流、焊接电压和送丝负荷等进行监控，与 DL350 Ⅱ 链接时，还可监控飞溅抑制率。

12) 焊接特性自动调整功能：根据杆伸长长度和使用环境不同，自动调整焊接特性值，使实际焊接电流、电压与设定值一致。

13) 断弧再起功能：传统机器人焊接过程发生断弧，机器人会紧急停止，机器人可以自动恢复到预先设定的再启位置和再启次数等操作。

5. 机器人主要技术参数（见表 2-5）

表 2-5 机器人主要技术参数

综合名称		OTC A Ⅱ-V6
构造		垂直多关节
轴数		6
最大可载能力/kg		6
位置重复精度/mm		±0.08
驱动系统		AC 伺服电动机
驱动容量/W		2600
位置数据反馈		绝对值编码器
动作范围	J1 轴旋转	±170°（±50°）
	J2 轴旋转	−155°～+90°
	J3 轴旋转	−170°～+190°
	J4 轴手臂旋转	±180°
	J5 轴手腕旋转	−50°～+230°
	J6 轴手腕旋转	±360°
最大速度	J1 轴旋转	3.66rad/s［210（°）/s］，3.32rad/s［190（°）/s］
	J2 轴旋转	3.66rad/s［210（°）/s］
	J3 轴旋转	3.66rad/s［210（°）/s］
	J4 轴手臂旋转	7.33rad/s［420（°）/s］
	J5 轴手腕旋转	7.33rad/s［420（°）/s］
	J6 轴手腕旋转	10.82rad/s［620（°）/s］

（续）

负荷能力	允许转矩 /N·m	J4 轴	11.8
		J5 轴	9.8
		J6 轴	5.9
	允许惯 性矩 /kg·m²	J4 轴	0.30
		J5 轴	0.25
		J6 轴	0.06
机器人动作范围×截面面积			$340° \times 3.14m^2$
周围温度、湿度			$0 \sim 45℃$，$20 \sim 80\% RH$
本体质量/kg			160
第3轴可载能力/kg			10
安装方式			地面、侧挂、吊装
原点复原			不需要
本体颜色			臂：白色，基座：蓝色

6. OTC DM-500 焊接电源外形（见图2-17）**及功能简介**

图2-17 OTC DM-500 焊接电源外形

功能简介：

1）采用 OTC 独特的 IGBT 逆变控制技术，大幅度提高了逆变器主频率（输出频率高达80kHz）。

2）比较高的逆变频率可改善电流输出的稳定性，减少焊接飞溅，提高焊接品质。

3）采用 OTC 新研发的数字式电子电抗器控制，实现全电流域的高速稳定焊接。

4）电弧特性的选择广泛，能满足不同工艺和不同操作者的全方位需求，全位置焊接时的电弧稳定性卓越。

5）全新的四轮驱动带码盘反馈控制的送丝装置，使送丝更精确、更稳定。能更容易地与个人计算机、机器人和专机进行配套。

2.4.3 三轴气动回转变位机

1. 设备示意图

变位机示意图如图2-18所示（仅为示意，以具体设计为准）。

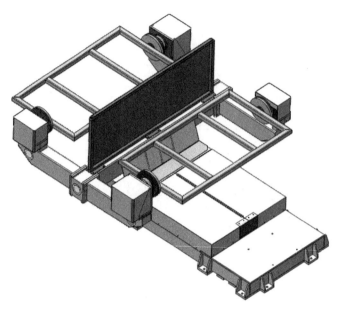

图 2-18　变位机示意图

2. 变位机特点

变位机机架部分为焊接结构件，焊后去应力处理，整体加工，以保证机架的刚度和整体加工精度；其结构主要由底部气缸推动旋转，平行两轴采用伺服联动电动机驱动，360°任意角度翻转，翻转平稳、定位精度高。

3. 主要技术参数

主要技术参数见表2-6（示意，以最终设计为准）。

表2-6　主要技术参数

回转角度/(°)	0，180
翻转转速/(r/min)	15
承载质量/kg	500
适应工件直径范围/mm	1100
适应工件高度范围/mm	≤500

4. 主要配置

主要配置见表2-7（示意，以最终设计为准）。

表2-7　主要配置

序号	名　　称	生产厂商
1	伺服电动机	日本 OTC 2.0kW
2	减速器	日本蒂仁
3	回转支承	国优
4	气缸	SMC

2.5 焊接机器人工作站的安装与调试

焊接机器人工作站在焊接过程中虽然自动化程度高，但难免会出现机器人突然停止动作或动作混乱、焊枪不起弧、送丝失灵、焊偏、咬边及气孔等焊接缺陷和各种故障。故障原因很多，如机器人编码器上数据存储的电池无电或已经损坏，或检测出控制器内伺服放大器控制板出现故障，或是由于焊接工作站中线路的损坏等导致机器人工作站各种故障。出现故障时，需要检查、分析并最终排除故障。

机器人焊接主要是外部利用数字焊机或模拟焊机与机器人本体组合，内部通过总线通信方式、标准 I/O 和虚拟 I/O，使机器人按照发送的指令控制机械手臂和焊机，完成一系列空间轨迹来完成焊接。在此采用 BRH-350 全数字焊机与机器人配合共同完成工作，可实现自主控制、重复编程等。焊接原理：保护气由喷嘴喷出将待焊接区域的空气排开，焊丝与母材间发生直流电弧，电弧热使焊丝与母材熔化，焊丝头部的熔融金属向母材过渡形成焊缝，如图 2-19 所示。

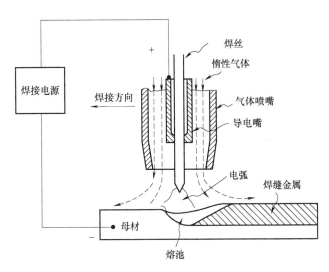

图 2-19　焊接原理

焊接工业机器人工作站如图 2-20 所示。该工作站采用广州数控设备有限公司（以下简称广州数控）RB06 焊接工业机器人。

安装要求：机器人工作范围区不能受到干涉，机器人控制柜安装位置方便操作，摆放不能对机器人和焊接平台工作有干涉，焊接平台固定牢靠稳定。

线路连接要求：连接线接头连接需牢固，安全接地，气管接头密封工作到位。

下面介绍 BRH-350 数字焊机的常用操作。

1. BRH-350 焊机控制操作面板

BRH-350 焊机控制操作面板如图 2-21 所示。

具体操作按钮见表 2-8。

图 2-20　焊接工业机器人工作站

1—CO₂ 气罐　2—BRH-350 数字焊机　3—清洗焊枪平台　4—机器人本体

5—送丝装置　6—焊枪　7—机器人控制柜　8—焊接平台　9—机器人底座

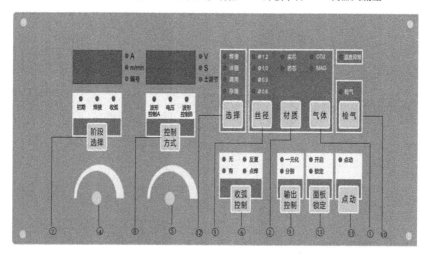

图 2-21　BRH-350 焊机控制操作面板图

表 2-8　操作按钮

①—气体切换键	⑧—控制方式设定键
②—焊丝种类切换键	⑨—输出控制切换键
③—焊丝直径切换键	⑩—检气键
④—电流调节旋钮	⑪—点动送丝键
⑤—电压调节旋钮	⑫—选择键
⑥—收弧控制切换键	⑬　面板锁定键
⑦—阶段选择键	

2. BRH-350 焊机操作步骤

（1）设定焊接模式　根据客户需求用气体切换键、焊丝种类切换键、焊丝直径切换键选择焊接模式，可选模式见表 2-9 所示。

表 2-9　焊接模式

焊接方法		焊丝直径 /mm	BRH-350
焊丝种类	气体		
低碳钢实心焊丝	CO_2	0.8	①②③
		0.8	①②③
		1.0	①②③
		1.2	①②③
低碳钢实心焊丝	MAG	0.8	①②③
		0.8	①②③
		1.0	①②③
		1.2	①②③

注：MAG 气体是指 80% Ar + 20% CO_2 混合气体。

设定焊接模式时，首先用气体切换键、焊丝种类切换键设定焊接方法，然后用焊丝直径切换键设定焊丝直径。

（2）设定参数　如图 2-22 所示。

用阶段选择键选择调整参数。数字显示管的显示自动改变为对应被选的参数值，同时对应各参数的 LED 亮灯，如图 2-23 所示。

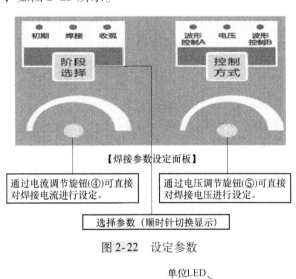

图 2-22　设定参数

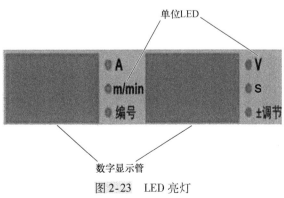

图 2-23　LED 亮灯

1）设定初期条件。只有在内部功能 F15 为 "ON"，且 "收弧控制" 设为 "有" 或 "反复" 时，才可选择初期条件。若选择初期条件，数字显示管会显示初期条件设定数值。

2）设定基本条件。若选择基本条件，数字显示管显示基本条件设定数值。

3）设定收弧条件。只在 "收弧控制" 设为 "有" 或 "反复" 时才可选择收弧条件。若选择收弧条件，数字显示管会显示收弧条件设定数值。

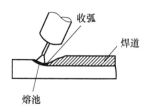

图 2-24　收弧填弧坑

显示的电压、电流和送丝速度设定值，并非实测输出值，将其作为焊接条件设定概值使用。

（3）设定收弧　在焊接结束部位有残留凹陷。因为凹陷会引发裂纹或焊接缺陷，所以要尽量使其变小，这种处理称为收弧填弧坑，如图 2-24 所示。

（4）设定点焊　进行点焊处理时，用收弧控制切换键设定到点焊模式，右侧的数字显示管会显示设定数值，"秒" 对应的 LED 亮灯。在此状态下可用电流调节旋钮和电压调节旋钮设定点焊时间，设定范围为 $0.1 \sim 10s$。

在点焊模式下按阶段选择键，进入点焊电流电压调节模式，用电流调节旋钮可设定点焊电流，用电压调节旋钮可设定点焊电压。

再次按收弧控制切换键即可退出点焊模式。

（5）调节焊接电压　通过输出控制切换键选择下列电压调节方法。

1）个别时。在输出控制键上方 LED 熄灭时，可进行 "个别" 调节。"个别" 调节时，需单独设定焊接电流与焊接电压。用电流调节旋钮设定焊接电流，用电压调节旋钮设定焊接电压。

2）一元时。在输出控制键上方 LED 亮时，可进行 "一元" 调节。"一元" 调节时，只需设定焊接电流，CPU 将根据设定的焊接电流自动设定合适的焊接电压。要进行焊接电压微调时，可通过电压调节旋钮进行设定。

使用除 $80\% \, Ar + 20\% \, CO_2$ 以外的 MAG 混合气体时，可能会出现与一元设定不相符的现象。

（6）电弧特性　选择初期电流、焊接电流或者收弧电流时，按控制方式设定键，波形控制的 LED 灯亮，数字显示管显示设定值，" ±调节" LED 亮灯。在此状态下通过电流调节旋钮和电压调节旋钮设定电弧特性，可设定范围为 $0 \sim \pm9$。再次按控制方式设定键可退出电弧设定。

电弧特性设定值以 "0" 为标准，向负方向调节电弧变硬，最小可设定为 " -9"，向正方向调节电弧变软，最大可设定为 "9"。

电弧特性、初期条件、基本条件和收弧条件可分别进行调节。在低电流区域用 "硬电弧"、高电流区域用 "软电弧" 进行调节可获得良好效果。使用加长电缆时，想获得最佳电弧（状态）效果，将其设置为 "硬电弧"。

（7）检气、节气功能　在打开气瓶出气阀门调整气体流量时使用。按检气键，上方的 LED 亮灯，气体流出。再次按检气键，LED 熄灭，气体停止流出。检气超过 2min 时，节气功能自动启动，LED 熄灭，气体停止流出。在检气期间开始焊接，焊接结束后（滞后送气结束后），检气功能自动关闭，气体不会继续流出。

（8）点动　按住点动送丝键，上方的 LED 亮灯，开始送丝。松开点动送丝键停止送丝，上方的 LED 熄灭。点动送丝键按下时（点动送丝过程中），可用电流调节旋钮和电压调节旋钮调节送丝速度，左侧的数字显示管显示送丝速度值。

（9）电流、电压调节旋钮　焊接中使用电流调节旋钮和电压调节旋钮调整参数时，按阶段选择键切换至设定模式，可改变初期电流的初期条件、进行焊接时的焊接条件和收弧处理的收弧条件。切换到设定值显示模式后，按控制方式设定键可以调整电弧特性。

3. 焊接设备安装与调试

（1）焊接机安装与调试

1）安装。整体效果图如图 2-25 所示。

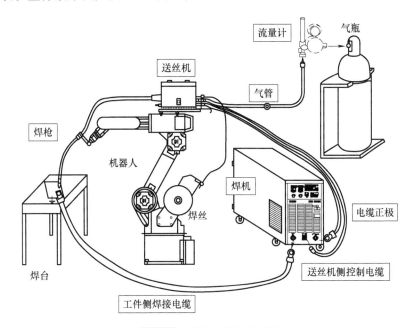

图 2-25　焊接机安装效果图

按编号顺序连接：

① 将工件进行保护接地。

② 用工件侧焊接电缆将工件与输出端子（工件 −）相连接。

③ 将输出端子（焊枪 +）与送丝机侧焊接电缆相连接。

④ 将送丝机侧焊接电缆与固定端子相连接。为避免焊接电缆接触机架底部及端子台，将螺母紧固并在端子部用绝缘胶带做好绝缘处理。

⑤ 将送丝机侧控制电缆与送丝机插座相连接。

⑥ 将气管连接到流量计气管接口上。

⑦ 将焊枪与送丝机相连接。

2）调试。将焊枪伸直，按住点动送丝键（LED 亮灯）送丝，当焊丝由导电嘴伸出约10mm 时，松开点动送丝键（LED 熄灭）停止送丝。点动送丝键按下时用电流调节旋钮可调节点动送丝速度。另外，连接遥控盒时，可通过遥控盒的点动送丝键进行操作，用遥控盒电流调节旋钮调节送丝速度，但遥控盒连接后，控制面板的调节旋钮无效。

（2）焊接平台安装与调试

1）安装。焊接平台结构比教简单，主要分布如图 2-26 所示。

图 2-26　焊接平台

1—防护罩　2—夹紧钳　3—工件固定块　4—底座平台　5—焊接工件

2）调试

① 机器人与数字焊接机参数配置。"应用"菜单由 11 个子菜单组成，按"选择"键选择"应用"菜单，会弹出其子菜单，如图 2-27 所示。

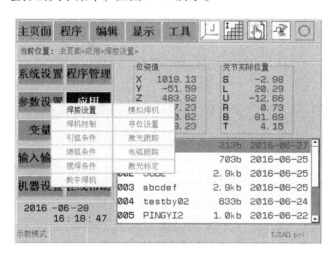

图 2-27　子菜单

弹出子菜单后，光标位置为上次离开该子菜单时的位置。通过上下方向键选择子菜单，按"取消"键可关闭离开该子菜单界面。通过"选择"键可进入相应菜单界面。

②"焊接设置"菜单界面。"焊接设置"菜单界面可对焊接作业的相关参数进行配置，如图 2-28、图 2-29 和图 2-30 所示。

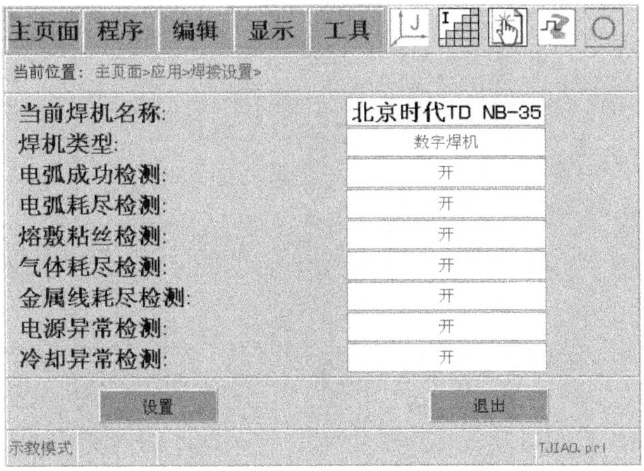

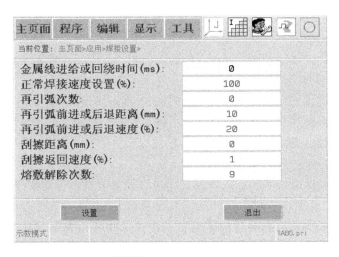

图 2-28　焊接设置（一）

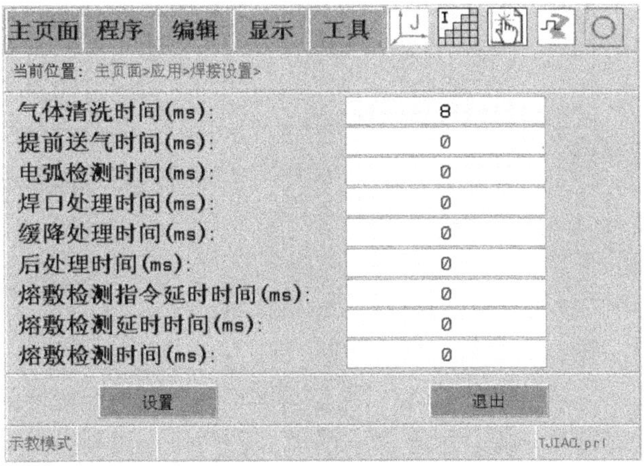

图 2-29　焊接设置（二）

图 2-30　焊接设置（三）

该界面由 2 个区域组成，"TAB"键可以将光标在 2 个区域之间切换。区域一有三个页面，通过翻页键进行翻页，通过上下方向键可移动光标，通过数值键输入各个选项的值，并按下"输入"键进行确认输入；焊接设置界面用来配置当前焊接的一些特性。有如下参数可以设置：

- 当前焊机名称：选择电源厂家。
- 焊机类型：选择电源类型。
- 电弧成功检测：设定引弧成功检测功能为"开"时，焊接开始时，引弧未成功则报警。
- 电弧耗尽检测：设定电弧耗尽检测功能为"开"时，焊接结束时，若电弧未关闭则报警。
- 熔敷粘丝检测：设定电弧耗尽检测功能"开"时，焊接结束时，若检测到熔敷检测信号，若检测到熔敷粘丝信号，此时系统会自动熔敷解除。若系统达到解除熔敷次数后还是检测到熔敷粘丝信号，则系统会产生熔敷解除失败报警。
- 气体耗尽检测：设定气体耗尽功能为"开"时，若检测气体耗尽到信号则报警。
- 金属线耗尽检测：设定金属线耗尽功能为"开"时，若检测到金属线耗尽信号则报警。
- 电源异常检测：设定电源异常检测功能为"开"时，若检测到电源异常信号则报警。
- 冷却异常检测：设定冷却异常检测功能为"开"时，若检测到冷却异常信号则报警。
- 气体清洗时间：焊接准备时的气体清洗时间。
- 提前送气时间：焊接准备时的提前送气时间。

电弧检测时间：引弧成功或电弧耗尽时的检测时间。

- 焊口处理时间：焊接结束前的焊口处理时间。
- 缓降处理时间：焊接结束前从焊接电流、电压下降到息弧电流、电压时的时间。
- 后处理时间：焊接结束后，施加适当的电压，防止金属线和工件熔敷在一起的处理时间。
- 熔敷检测指令延时时间：焊接结束后，设置熔敷检测指令信号延时时间，检查熄弧指令是否下发有效。
- 熔敷检测延时时间：焊接结束后，设置熔敷检测延时时间，检查熄弧是否正常结束。
- 熔敷检测时间：焊接结束后，设置熔敷检测信号时间，检查是否有粘丝现象。
- 金属线进给或回绕时间：金属线做自动送丝或回抽丝的时间。
- 正常焊接速度设置：机器人自动焊接时的焊接速度。
- 再引弧次数：在焊接开始段引弧失败后做自动再引弧的次数。
- 再引弧前进或后退的距离：在焊接开始段引弧失败后，自动前进或后退作再引弧的距离。距离不为 0 时有效。
- 再引弧前进或后退的速度：在焊接开始段引弧失败后，自动前进或后退作再引弧动作的速度设置。
- 刮擦距离：指刮擦功能启动而空运行的距离。刮擦距离不为 0 时，刮擦功能有效，且需定义引弧成功信号。
- 刮擦返回速度：指刮擦功能启动而在空中运行过程中成功产生电弧时，返回焊接开始点的移动速度。

● 熔敷解除次数：指定进行自动熔敷解除的次数。检测熔敷时，进行熔敷解除处理，再次进行熔敷检测，确认有熔敷的时候，反复进行熔敷解除处理。

区域二有 2 个按钮：

"设置"按钮：将区域一选择的内容，设置到系统。

"退出"按钮：退出该界面，返回主页面。按"取消"键也可退出。

注意： 在进入该界面进行焊接作业相关参数的配置之前，应该先配置焊机的初始化参数。若使用数字焊机进行焊接，则需要先在"数字焊机"菜单界面进行数字焊机配置；若使用模拟焊机进行焊接，则需要先在"模拟焊机"菜单界面进行模拟焊机配置。

③ 焊机控制设置，如图 2-31 所示。

图 2-31 焊机控制设置

④ 引弧条件设置，如图 2-32 所示。

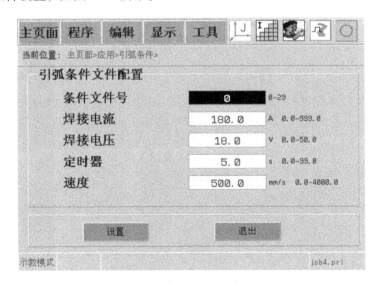

图 2-32 引弧参数设置

⑤ 熄弧参数设置，如图 2-33 所示。

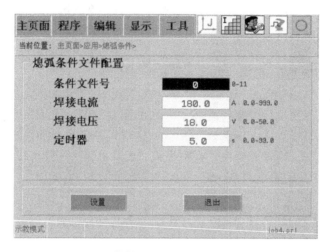

图 2-33 熄弧参数设置

⑥ 摆焊条件参数设置，如图 2-34 所示。

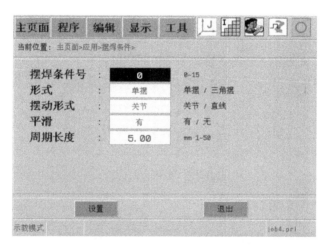

图 2-34 摆焊条件参数设置

设置好以上参数后，通过"转换"+"应用"组合键，打开使能应用状态，若界面人机接口显示区提示"应用有效"，则表示此时六轴工业机器人已经正确与焊机进行连接，且焊机已经被初始化；若提示"应用失败"，则表示六轴工业机器人无法与焊机进行连接，则需要检查焊机与六轴工业机器人之间的连接电路以及初始化参数是否正确。

思考与练习

1. 实现焊接生产机器人化的目的和优点有哪些？
2. 焊接机器人的优点有哪些？
3. 简述焊接机器人的分类。
4. 焊接机器人使用变位机的优点有哪些？

5. 简述焊接机器人工作站系统的组成部分。

6. 焊接机器人工作站系统分类有哪些?

7. 焊接机器人工作站在焊接过程中有哪些缺陷或故障?

8. 简述 RBH-350 焊机的操作步骤。

9. 常用的机器人焊接应用程序指令有哪些?

10. 初步操作新建一个程序。

第3章

Chapter

搬运、码垛工业机器人工作站系统

3.1 搬运、码垛工业机器人工作站

3.1.1 搬运、码垛工业机器人工作站概述

搬运、码垛工业机器人适用于物流、电子、食品、饮料、化工、医药、军工和包装等行业，满足企业对板材、桶装、罐装、瓶装和钣金等各种形状的工件进行搬运的要求，动作灵活，可进行人机对话，全天候不间断作业，大大提高了生产效率，使货物搬运场所搬运智能化，减少人力劳动，实现全面智能化管理。

搬运、码垛工业机器人工作站具有如下优点：

1）搬运效率高，全天候不间断作业，比人工搬运效率高得多。

2）结构简单，故障率低，易于保养及维修。

3）可以设置在狭窄的空间，场地使用效率高，应用灵活。

4）全部操作可在控制柜屏幕上手触式完成，操作非常简单。

5）一台搬运机器人可以同时处理多条生产线的不同产品，节省了企业成本。

机器人工作站的生产作业是由机器人连同它的末端执行器、夹具和变位机以及其他周边设备等完成的，其中起主导作用的是机器人，所以这一设计原则首先在选择机器人时必须满足。满足作业的功能要求，具体到选择机器人时，可从三方面加以保证；有足够的持重能力，有足够大的工作空间和有足够多的自由度。环境条件可由机器人产品样本的推荐使用领域加以确定。搬运、码垛工业机器人工作站一般具有如下特点：

1）应有物品的传送装置，其形式要根据物品的特点选用或设计。

2）可使物品准确地定位，以便于机器人抓取。

3）多数情况下没有码垛的托板，或机动或自动地交换托板，有些物品在传送过程中还要经整理装置整形，以此保证码垛质量。

4）要根据被拿物品设计专用末端执行器，应选用适合于码垛作业的机器人，有时还设置有空托板库。

在码垛作业中，最常见的作业对象是袋装物品和箱装物品，一般来说箱装物品的外形整齐、变形小，其用于抓取的末端执行器多用真空吸盘，而袋装物品外形柔软，极易发生变形，因此在定位和抓取之前，应经过多次整形处理。末端执行器也要根据物品特点专门设计，多用叉板式和夹钳式结构。另外，磁吸式末端执行器也是常见的一种形式。

码垛工业机器人与搬运工业机器人的异同点：

1）两种机器人从硬件组成上以及控制方式上是相同的，具体为硬件结构组成上都是由驱动器、电动机、减速器和控制系统等组成，当然在轴数上码垛工业机器人一般为四轴，常规搬运工业机器人为六轴，但每轴的结构组成是相同的。

2）不同点为，码垛工业机器人属于工业机器人中的一个独立系列，应用比较专一，一般只能进行平面的搬运，不能像六轴那样就行空间旋转，这种运动形式是轴数决定的，但用于码垛时一般会在软件上增加码垛应用，通过应用设置向导进行必要的设置即可自动生成码垛程序。

肥料生产线搬运、码垛工业机器人工作站如图3-1所示。

图3-1 肥料生产线搬运、码垛工业机器人工作站

3.1.2 搬运、码垛工业机器人工作站构成及技术标准

搬运、码垛工业机器人工作站由机器人、机器人末端执行器、工夹具和变位器、架座等几部分组成，如图3-2所示。

1. 机器人

机器人是搬运、码垛工业机器人工作站的组成核心，应尽可能选用标准工业机器人。机器人控制系统一般随机器人型号确定。对于某些特殊要求，例如，除机器人控制之外，希望再提供几套外部联动控制的控制单元、视觉系统和有关传感器等，可以单独提出，由机器人生产厂家提供配套装置。搬运、码垛工业机器人工作站机器人的确定，从下面几个方面着手：

（1）确定机器人的持置能力 机器人手腕所能抓

图3-2 搬运、码垛机器人工作站的组成

取的质量是机器人的一个重要指标，习惯上称为机器人的可搬质量，这一可搬质量的作用线垂直于地面（机器人基准面）并通过机器人腕点 P。一般说来，同一系列的机器人，其可搬质量越大，外形尺寸、手腕基点（P）的工作空间、自身质量以及所消耗的功率也就越大。

末端执行器重心的位置对机器人的可搬质量有影响。同一质量的末端执行器，其重心位置偏离手腕中心（P）越远，对该中心形成的弯矩越大，所选择的机器人可搬质量要更大一些。在机器人的技术资料中，可以查阅各种规格机器人的安装尺寸界限图，检查末端执行器的重心落在哪个搬重范围内。以机器人手腕基点（P 点）为一边界，在大约 500mm × 500mm 的正方形区域内，该机器人可搬起 30kg 重物。末端执行器的重心位置越向外移，机器人所能搬起的质量就越小，在 x 方向超出 500mm，或在 y 方向超出 250mm 后，机器人只能搬起 20kg 的重物；当重心位置距 P 点约 750mm 时，这台 30kg 的机器人只能按可搬质量为 10kg 的机器人使用了。

质量参数是选择机器人的基本参数，决不允许机器人超负荷运行。例如，使用可搬质量为 60kg 的机器人携带总重为 65kg 的末端执行器及负载长时间运转，必定会大大降低机器人的重复定位精度，影响工作质量，甚至损坏机械零件，或因过载而损坏机器人控制系统。

（2）确定机器人的工作空间　机器人的手腕基点 P 的动作范围就是机器人的名义工作空间。它是机器人的另一个重要性能指标。在搬运工作站的设计中，首先根据质量大小和作业要求，初步设计或选用末端执行器，然后通过作图找出作业范围，只有作业范围完全落在所选机器人的 P 点工作空间之内，该机器人才能满足作业的范围要求，否则就要更换机器人型号，直到满足作业范围要求为止。

（3）确定机器人的自由度　机器人在持重和工作空间上满足对机器人工作站或生产线的功能要求之后，还要分析是否可以在作业范围内满足作业的姿态要求。对于简单堆垛作业，作为末端执行器的夹爪，只需绕垂直轴的 1 个旋转自由度，再加上机器人本体的 3 个圆柱坐标自由度，3 个自由度的圆柱坐标机器人即可满足要求。若用垂直关节式机器人，由于上臂常向下倾斜，又需手腕摆动的自由度，故需 5 个自由度垂直关节机器人。对于复杂工件，一般需要 6 个自由度。如果是简单的工件，又使用变位机，在很多情况下 5 个自由关节机器人即可满足要求。

自由度越多，机器人的机械结构与控制就越复杂，所以在通常情况下，如果少自由度能完成的作业，就不要盲目选用更多自由度的机器人去完成。

总之，在选择机器人时，为了满足功能要求，必须从持重、工作空间和自由度等方面来分析，只有它们同时满足或者增加辅助装置后即能满足功能要求，所选用的机器人才是可用的。

2. 机器人末端执行器

机器人末端执行器（又称为工具）是安装在机器人手腕上进行预定作业的一套独立的装置，它是机器人工作站的核心部件。本节叙述其基本要求，并较详细地介绍一些末端执行器。

（1）机器人工作站末端执行器基本要求　机器人工作站末端执行器的分类方法很多，按照操作要求可以分成搬运类、加工类和测量类等。

搬运类末端执行器是指各种夹持装置，用来抓取或吸附被搬运的物体。搬运类末端执行器的用途广泛、结构各异，多数需要进行专门设计。

加工类末端执行器是带有焊枪、喷枪、加工刀具或砂轮等加工工具的机器人附加装置，用以完成各种加工作业。加工类末端执行器的多数工具是外购商品，通过相应的连接构件将工具与机器人手腕连成一体。

测量类末端执行器是装有测量头或传感器的机器人附加装置，用来进行测量及检验作业。测量装置必须选用具有国家标准检验合格证的产品。

（2）机器人工作站末端执行器的种类　机器人工作站末端执行器种类繁多、形状各异，按照结构分成机构型末端执行器、吸附型末端执行器和专用型末端执行器三类。

1）机构型末端执行器，包括楔块、杠杆、连杆、齿轮齿条和钢丝柔性链等基本机构，配以气动、液动或电动驱动元件，组成各种机械夹持器，即机器人工具。机构型末端执行器抓取物体所需要的手指夹紧力 N，是根据被夹持物体的重量 Q 及被夹持物体与手指接触面间的摩擦系数 f 来确定的。夹紧力 N 在两指接触面上所产生的摩擦力的和要大于被夹持物体的重量 Q，即要满足

$$N > \frac{Q}{2f}$$

在计算夹紧驱动力 P_c 时，除了重力因素外，还要考虑被夹持物体在运动中产生的惯性力、振动及传动效率等因素的影响。P_c 理论驱动力的计算式计算

$$P_c = \frac{K_1 K_2}{\eta} P$$

式中　　P——理论驱动力；

　　　　K_1——安全系数，一般取 1.2~2.5；

　　　　K_2——工作条件系数，主要考虑惯性力及振动等因素，一般取 1.1~2.5；

　　　　η——机构的机械效率，一般取 0.85~0.9。

2）吸附型末端执行器，又称作吸附工具或吸盘，有气吸式和磁吸式两种。利用吸盘内的负压将工件吸住并搬运的叫作气吸式吸附手。利用电磁吸盘的磁力将工件吸住并搬运的叫作磁吸式吸附手。

① 气吸式吸附手由吸盘、吸盘架及气路系统组成，可用于吸附较为平整光滑、不漏气的各种板材、箱体和薄壁零件，如玻璃、陶瓷、搪瓷制品、钢板和包装纸箱等制品。

吸盘是用橡胶或塑料制成的，它的边缘要很柔软，以保持紧密贴附在被吸附物体表面而形成密封的内腔。当吸盘内抽成负压时，吸盘外部的大气压力将吸盘紧紧地压在被吸物体上。吸盘的吸力是由吸盘皮碗的内、外压差造成的，吸盘的吸力 F（单位为 N）可按下式求得

$$F = \frac{S}{K_1 K_2 K_3}(P_0 - P)$$

式中　　P_0——大气压力，单位为 N/cm^2；

　　　　P——内腔压力，单位为 N/cm^2；

　　　　S——吸盘负压腔在工件表面上的吸附面积，单位为 cm^2；

　　　　K_1——安全系数，一般取 1.2~2；

　　　　K_2——工作情况系数，一般取 1~3；

　　　　K_3——姿态系数。当吸附表面处于水平位置时，取 1；当吸附表面处于垂直位置时，

取 $1/f$，f 为吸盘与被吸物体的摩擦系数。

吸盘内腔负压产生的方法有 3 种：

A. 挤压排气式。如图 3-3a 所示，靠外力将吸盘皮腕压向被吸物体表面，吸盘内腔空气被挤压出去，形成吸盘内腔负压，从而吸住物体。这种方式所形成的吸力不大，而且也不可靠，但结构简单、成本低。

B. 真空泵排气式。如图 3-3b 所示，当控制阀将吸盘与真空泵相连通时，真空泵将盘内空气抽出，形成吸盘内腔负压，吸盘吸住物体。当控制阀将吸盘与大气连通时，吸盘失去吸力，被吸附的物体靠自重脱离吸盘。

C. 气流负压式。如图 3-3c 所示，控制阀将来自气泵的压缩空气接通至喷嘴，压缩空气通过喷嘴形成高速射流，吸盘腔内的空气被带走，在吸盘内腔形成负压，吸盘吸住物体。当控制阀切断通往喷嘴的压缩空气，并使吸盘内腔与大气相通时，吸盘便失去吸力，与工件分离。

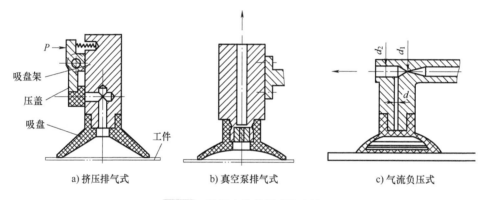

a) 挤压排气式   b) 真空泵排气式   c) 气流负压式

图 3-3　吸盘内腔负压产生方法

在机器人工作站中，常用气流负压式方法。目前，国外许多气动元件公司已生产出结构紧凑、性能优良的真空发生器组件。其构造和图形符号如图 3-3c 所示。它是由真空发生器、消声器、抽吸过滤器和真空开关等组成的。这些组件可以根据需要随意组合，而且安装连接都相当简单。只要在组件的一端通入一根压缩空气管路，便可从另一端的接管中得到真空负压。

② 磁吸式吸附手是用接通或切断电磁铁电流的方法来吸、放具有磁性的物体。磁吸式吸附手所用电磁铁，有交流电磁铁与直流电磁铁两种。交流电磁铁吸力有波动，有振动和噪声，且有涡流损耗。直流电磁铁吸力稳定，无噪声和涡流损耗，但需要整流电源。

磁吸式电磁吸盘的形状、尺寸及电磁参数，要根据被吸物的形状、尺寸及质量来确定，所带电磁吸力 F 的计算公式如下

$$F = K_1 K_2 K_3 \frac{G}{n}$$

式中　G——被吸物体重力，单位为 N；

$\quad\quad n$——电磁吸盘数量；

$\quad\quad K_1$——吸合系数。$K_1 = S_m/S$，S_m 为铁心面积，S 为电磁铁吸合面积；

$\quad\quad K_2$——安全系数，一般取 1.5～3；

K_3——工作情况系数，$K_3 = K_3' + K_3''$，其中 K_3' 为姿态系数，取 $1 \sim 5$，当被吸表面处于水平位置时取小值，当被吸表面处于垂直位置时取大值。K_3'' 为动态系数，$K_3'' = 1 + \dfrac{a}{g}$，a 为吸盘运动加速度，g 为重力加速度。

电磁吸盘能给出的吸力 F_0 按下式计算

$$F_0 = \frac{2\sigma B^2}{2.5 \times 10^7} S_m$$

式中　B——空气中的磁感应强度，单位为 Wb/cm^2；

　　　σ——漏磁系数，取 $1.3 \sim 3$，气隙 δ 大时，取小值。

　　　S_m——铁心面积。

一般应满足

$$F_0 > F$$

3）专用型末端执行器。专用型末端执行器是用于特殊作业场合，针对特殊工件而专门设计的末端执行器，它在整个机器人应用领域占有相当的比例。在许多新开发的领域，不能简单地使用上面所讲的机构型末端执行器或吸附型末端执行器，必须根据工件类型、作业要求开发研究新的专用末端执行器，作业难度较大时，还要做大量的模拟试验，反复修改设计，最后确定其具体结构形式。随着机器人技术在各个领域的不断渗透，必将提出各种各样专用型末端执行器的新课题。由于机器人应用范围广，作业形式千差万别，几乎很难提出一种规定的设计思想，也没有统一的设计方法。

3.2　搬运、码垛工业机器人工作站的安装与调试

搬运、码垛工业机器人工作站的布置图如图 3-4 所示，主要包括机器人本体、控制柜、示教盒、末端执行器、进料托板、输送带、纸箱、出料托板等，机器人将货物从进料托板抓取放在输送带上，起动输送带，将货物传送到输送带末端，机器人将货物抓取，按规律码垛在右边出料托板上。

图 3-4　搬运、码垛工业机器人工作站布置图

1—进料托板　2—纸箱　3—出料托板　4—输送带

3.2.1 RB08 机器人的安装与调试

1. 机器人本体的安装

由于机器人在高速运行时，本体机身由于惯性，晃动较大。为了确保使用安全，机器人本体必须用地脚螺栓固定在地面上，如图 3-5 所示。

图 3-5 本体地脚螺栓固定

2. 机器人控制柜的安装

机器人控制器 I/O 接线图如图 3-6 所示，其中，Y1.0 控制抓手夹紧，Y1.1 控制抓手松

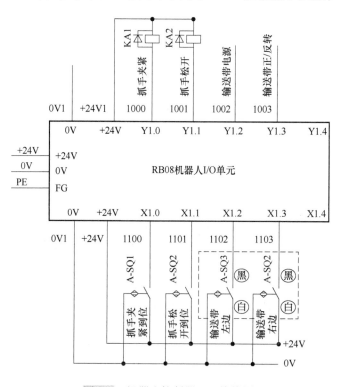

图 3-6 机器人控制器 I/O 接线图

开；Y1.2 控制输送带电源，Y1.3 控制输送带正/反转；X1.0 检测抓手夹紧到位信号，X1.1 检测抓手夹紧到位信号；X1.2 检测输送带左边光电开关信号，X1.3 检测输送带右边光电开关信号。

机器人控制柜根据现场要求，摆在方便操作的位置，不要阻碍机器人运作通道和人行通道，如图 3-7 所示。

（1）机器人本体与控制柜的连接　机器人本体底座后面有两个重载接头，左边为电动机电力线，右边为传感器信号线。将重载插头对应插上，用旁边两个扣子把重载接头锁定，如图 3-8 所示。

图 3-7　控制柜的安装

图 3-8　重载连接图

（2）手持示教盒与电控柜的连接　手持示教盒为用户提供了友好可靠的人机接口界面，可以对机器人进行示教操作、程序编辑和再现运行等。手持示教盒通过重载接头与控制柜门板上的接口连接，如图 3-9 所示。

（3）机器人调试　机器人按上述连接好，接上三相电源，检查无误后，将手持示教盒和电控柜上的紧急停止按钮松开，把电源旋钮开关转到通电状态。观察示教盒显示屏显示信息，若无报警或异常状态，轻轻按下使能按键，按示教盒上的 X + /X − 、Y + /Y − 、Z + /Z − 、A + /A − 、B + /B − 、C + /C − 按钮，观察各轴运行是否正常，如图 3-10、图 3-11、图 3-12 所示。

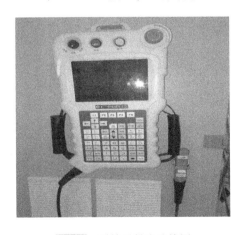

图 3-9　手持示教盒连接图

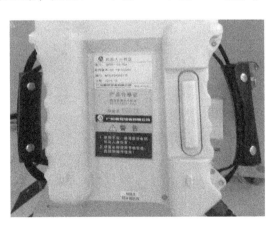

图 3-10　示教器后面的使能按钮

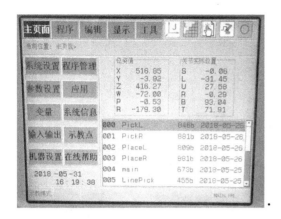

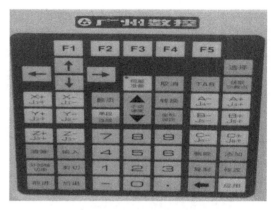

图 3-11　示教器正常开机画面　　　　　　　图 3-12　示教器操作按钮

3. 输送带的安装与调试

输送带电动机控制电路图如图 3-13 所示。继电器 KA4 常闭端接调速器正转端，当继电器 KA3 接通时调速器得电，输送带正转；当继电器 KA4 得电时，其常开端接入调速器反转端，此时输送带反转。

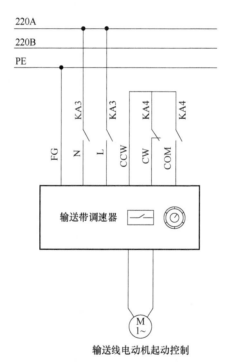

输送线电动机起动控制

图 3-13　输送带电动机控制电路图

输送带传感器控制电路如图 3-14 所示。当 Y1.2 = ON 时，继电器 KA3 接通，调速器得电；当 Y1.3 = OFF 时，输送带正转；当 Y1.3 = ON 时，输送带反转。当有物料放入输送带左边时，光电开关 A-SQ3 检测到物料，将信号传给机器人控制器 X1.2 = ON；当物料运输到输送带右边时，光电开关 A-SQ4 检测到物料，将信号传给机器人控制器 X1.3 = ON。

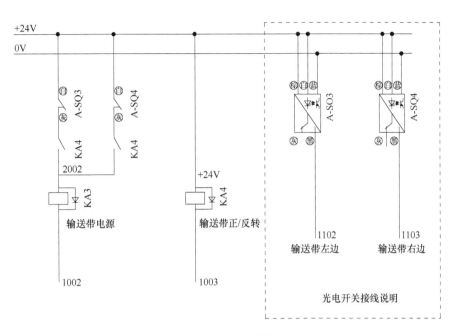

图 3-14 输送带传感器控制电路

输送带按要求位置摆好，将输送带的电源线及信号线连接牢固，接通机器人电控柜电源。手持示教盒切换到编辑模式，选择输入/输出，选择 I/O 状态，将 OT10 设置为 ON，输送带即可起动正转，同时将 OT11 设置为 ON，输送带即可起动反转（如图 3-15、图 3-16 所示）。

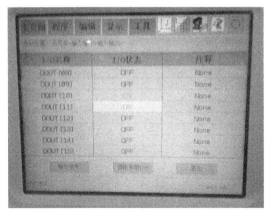

图 3-15 输送带起动　　　　　　　　　　图 3-16 输送带反转

4. 末端执行器的安装与调试

抓手电磁阀控制电路如图 3-17 所示，当 Y1.0 = ON 时，继电器 KA1 接通，KA1 控制电磁阀 YV1 通气，抓手夹紧；当 Y1.1 = ON 时，继电器 KA2 接通，KA2 控制电磁阀 YV2 通气，抓手松开。注意 KA1 与 KA2 是互锁控制的，因此 Y1.0 = ON 时，Y1.1 = OFF；Y1.1 =

ON 时，Y1.0 = OFF。

末端执行器，即纸箱抓手，通过安装支架与机器人末端连接，如图 3-18 所示。

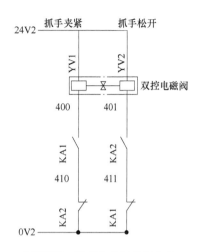

图 3-17 抓手电磁阀控制电路　　　图 3-18 抓手与机器人末端连接

抓手气缸安装好进出气快速接头，并用气管把对应的接头连接起来，如图 3-19 所示。

接通机器人控制柜电源，手持示教盒切换到编辑模式，选择输入/输出，选择 I/O 状态，将 OT08 设置为 "ON"，OT09 设置为 "OFF"，抓手夹紧，如图 3-20 所示。

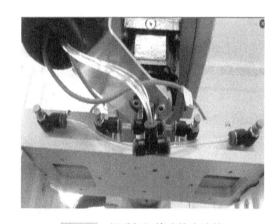

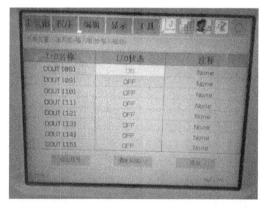

图 3-19 抓手气缸快速接头连接　　　图 3-20 抓手夹紧操作

将第一个磁性开关左右移动，直至指示灯亮，该位置是抓手张开位置，如图 3-21 所示。按 TAB 键，选择切换到输入，观察 IN08 是否为 "ON"，如图 3-22 所示。

同样地，切换到输出，将 OT08 设置为 "OFF"，OT09 设置为 "ON"，抓手松开，将第二个磁性开关左右移动，直至指示灯亮，该位置是抓手夹紧位置，按 TAB 键，选择切换到输入，观察 IN09 是否为 "ON"。

末端执行器安装的整体效果如图 3-23 所示。

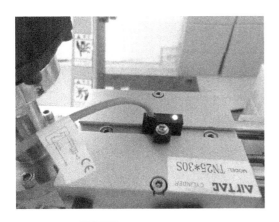

图 3-21　磁性开关安装

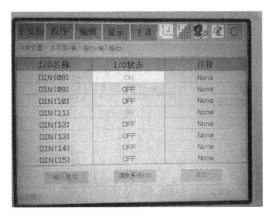

图 3-22　夹紧信号检测

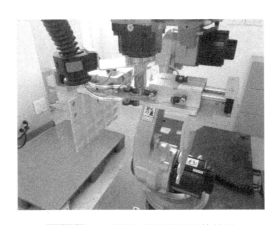

图 3-23　末端执行器安装的整体效果

5. 安全操作注意事项

在初次操作时，首先一定要把示教盒和电控柜的急停开关都松开，否则机器人无法工作；其次在手动模式下把旋钮开关转到示教状态，轻轻按下示教器后面使能按钮，听到电动机"咔"一声即可，不宜太轻，也不能太用力，否则无法使能伺服驱动器；最后通过"手动速度"按钮将速度调到最小，可以在右上方绿色的格子上看到速度的状态。

3.2.2　搬运、码垛工业机器人工作站的应用与操作

1. 工艺分析

在工业、物流等行业经常会用纸箱来装产品，例如矿泉水、啤酒饮料等。本节以普通饮料包装箱为例，其外形尺寸如图 3-24 所示。纸箱由机器人码放在托板上，托板的尺寸及外形如图 3-25 所示。排列规律如图 3-26 所示，图中的数字表示该层纸箱的码放顺序。每块托板上码放 2 层。

2. 部件及组成设备

（1）高速码垛工业机器人　为节约成本，本例选用了广州数控 RB08 工业机器人，该型号机器人是 6 自由度关节机器人，外形及动作范围如图 3-27 所示。纸箱的最大质量约 1kg，末端执行器的总质量小于 5kg，而在托板上码放 2 层的总高度为 400mm，机器人在高度方向的行程是 1300mm，从质量及动作范围上均满足使用要求。

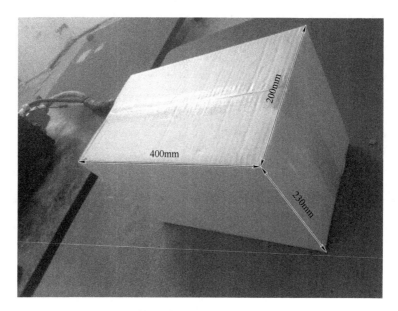

图 3-24　工件外形尺寸

图 3-25　托板外形尺寸

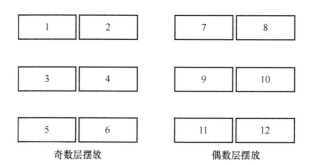

奇数层摆放　　　　　　　偶数层摆放

图 3-26　纸箱码放的排列规律

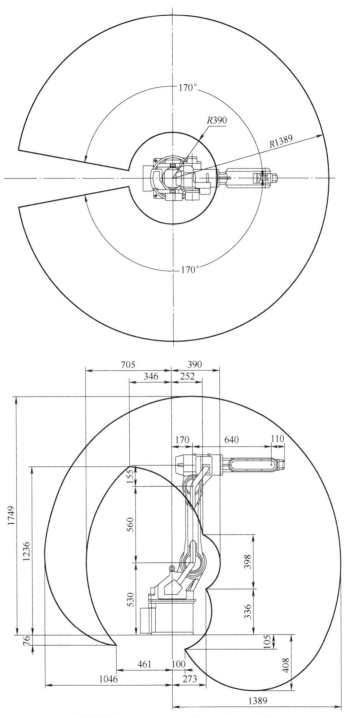

图 3-27　RB08 工业机器人工作空间图

（2）机器人的末端执行器　根据纸箱的特点，专门设计研制了机构型末端执行器，由气缸和夹手两部分组成，如图 3-28 所示。

（3）输送带　输送带如图 3-29 所示，输送带与摩擦轮、张紧轮和托轮间产生较大的摩擦力，电动机经调速器和链传动驱动输送带运动。纸箱在输送带上停留的位置由光电开关检测。

图 3-28 末端执行器

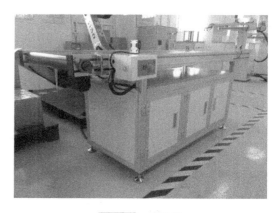

图 3-29 输送带

3. 工作站应用与操作基础

（1）平移功能介绍 平移是指对象物体从指定位置进行移动时，对象物体各点均保持等距离移动，如图 3-30 所示。

机器人进行示教时，可以通过此功能来减少工作量。平移功能特别适用于进行一组有规律的运动时的情况，例如工件的堆垛等。平移功能用到的指令主要有 SHIFTON、SHIFTOFF 和 MSHIFT。

（2）建立平移量 运用平移前，首先要建立一个平移量。建立平移量的方法有两种，一种是进入笛卡儿位姿变量编辑界面手动进行编辑，另一种是采用 MSHIFT 指令来获取偏移量，这里采用第一种方式。

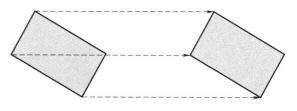

图 3-30 平移示意图

进入"笛卡儿位姿变量明细"界面，对 PX0 变量做如图 3-31 所示的修改，假设工件的厚度为 20mm，这样就可以在程序里使用 PX0 变量。

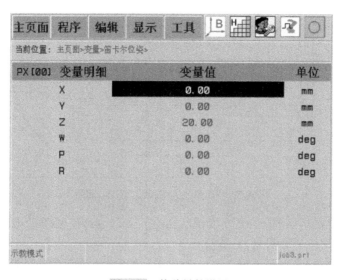

图 3-31 偏移量的设置

（3）平移程序示例　假设 A 处的工件为输送带输送过来的工件，需要将其抓取到 B 处，如图 3-32 所示。

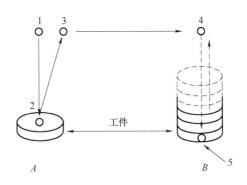

图 3-32　平移程序示例 1

现在采用平移功能，只需获取 B 处的示教点 5 即可，其他示教点可通过增加平移量来获取，整个程序及相关说明见表 3-1。

表 3-1　程序平移指令说明

程序指令	内容说明
MAIN	程序头（系统默认行）
LAB1	标签一
SET　R1，0	将工件个数统计变量清零
SUB PX1，PX1	将平移量 PX1 清零
LAB 2	标签二
MOVJ　P1，V20，Z0	移动到示教点 1
MOVL　P2，V100，Z0	移动到抓取工件点
MOVL　P3，V100，Z0	移动到示教点 3
MOVL　P4，V100，Z0	移动到示教点 4
SHIFTON　PX1	平移开始，并指定平移量
MOVL　P5，V100，Z0	移动到平移后的示教点
SHIFTOFF	平移结束
ADD PX1，PX0	平移量 PX1 在原来基础上增加平移量 PX0
MOVL　P4，V100，Z0	移动到示教点 4
MOVL　P1，V100，Z0	移动到示教点 1
INC　R1	工件数加 1
JUMP　LAB2　IF　R1＜4	如果工件数小于 4，继续抓取
JUMP　LAB1	重新开始抓取
END	结束

程序指令中，PX0 表示平移量，也就是工件的厚度，是通过 PX 变量明细界面手动设置的，因此需要事先知道工件的厚度尺寸。

下面介绍通过 MSHIFT 指令获取示教点计算平移量的方式来实现平移。例如，要完成如图 3-33 所示的把 A 处的工件搬运到 B 处并逐层摆放的任务。

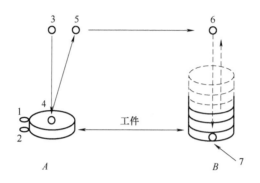

图 3-33 平移程序示例 2

假设 A 处的工件为输送带输送过来的工件，整个程序内容及相关说明见表 3-2。

表 3-2 传送带输送程序指令说明

程 序 指 令	内 容 说 明
MAIN	程序头（系统默认行）
LAB1	标签一
SET R1, 0	将工件个数统计变量清零
SUB PX1, PX1	将平移量 PX1 清零
MSHIFT PX0, P1, P2	获取平移量 PX0（工件厚度）
LAB 2	标签二
MOVJ P3, V20, Z0	移动到示教点 3
MOVL P4, V100, Z0	移动到抓取工件点
MOVL P5, V100, Z0	移动到示教点 5
MOVL P6, V100, Z0	移动到示教点 6
SHIFTON PX1	平移开始
MOVL P7, V100, Z0	移动到平移后的示教点
SHIFTOFF	平移结束
ADD PX1, PX0	平移量 PX1 在原来基础上增加平移量 PX0（工件厚度）
MOVL P6, V100, Z0	移动到示教点 6
MOVL P3, V100, Z0	移动到示教点 3
INC R1	工件数加 1
JUMP LAB2 IF R1 < 4	如果工件数小于 4，继续抓取
JUMP LAB1	重新开始抓取
END	结束

4. 搬运、码垛工业机器人工作站的应用及操作

（1）确认电源、气源正常，无漏电、断相、低压和漏气等问题，接通搬运、码垛工业机器人工作站的电源、气源，手动将抓手移动到安全位置。

（2）开机启动切换编辑或更高权限的模式。移动光标至"程序管理"，按"选择"出现如图 3-34 所示的界面，选择"新建程序"，按下"选择"。

（3）在新建程序界面，按"TAB"与移动键，配合光标移动到程序名称，如图 3-35 所示，按下"选择"。

图 3-34　新建程序

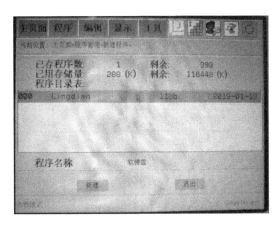

图 3-35　选择

（4）出现程序命名界面如图 3-36 所示，通过"转换"按钮可切换大小写及字符键盘，输入程序名字，如 BANYUN（如图 3-37 所示）确认命名完成后按"输入"按钮。

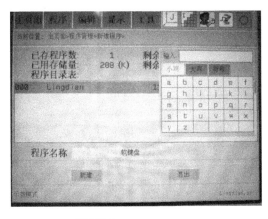

图 3-36　程序命名界面

图 3-37　新建程序

（5）新建程序后，可以参照例程来编辑具体的程序。以下对程序中一些关键的步骤进行简单的说明。

1）程序初始化。获取安全点的坐标 P0，将计数器 R0 数据清零，将平移量 PX0、PX10 清零。起动输送带，起动抓手，确保抓手正常张开和闭合，其程序见表 3-3。

表 3-3 初始化程序

序号	程　序	注　释
1	MAIN	
2	MOVJ P0, V50, Z0	//移动到安全点
3	SET R0, 0	//码垛计数清零
4	PX0 = PX0 – PX0	//PX0 清零
5	PX10 = PX10 – PX10	//PX11 清零
6	DOUT OT10, ON	//输送带打开
7	DOUT OT8, OFF	
8	DOUT OT9, ON	//夹具夹紧
9	DELAY T0. 5	//延时 0.5s
10	WAIT IN8, ON, T0	//等待夹具夹紧到位信号
11	DOUT OT9, OFF	
12	DOUT OT8, ON	//夹具松开
13	DELAY T0. 5	//延时 0.5s
14	WAIT IN9, ON, T0	//等待松开到位信号

2）根据纸箱摆放的特点，抓取箱子的顺序先从上层开始 7→9→11→8→10→12，再抓下层 1→3→5→2→4→6，如图 3-38 所示。由于箱子都是规律摆放的，可以使用机器人的平移指令来码垛纸箱。在写平移指令之前，先要设置平移量，抓取箱子的顺序 7→9→11 是按坐标 Y 的负方向平移的，间隔 40cm，设置该偏移量 PX1 的 Y = –400，如图 3-39 所示。同样，箱子 7 与 8 的间隔是 25cm，按坐标 X 的正方向，设置该偏移量 PX2 的 X = 250；箱子 7 与 1 的间隔是箱子本身高度，即 23cm，按坐标 Z 的负方向，设置该偏移量 PX3 的 Z = –230。

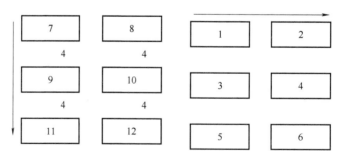

图 3-38 平移方向

3）编写平移程序。如图 3-38 所示，抓取箱子 9，抓手在箱子 7 的位置按 Y 负方向平移 PX1；抓取箱子 8，抓手在箱子 7 的位置按 X 正方向平移 PX2；那么抓取箱子 10，抓手在箱子 7 的位置先按 Y 负方向平移 PX1，再按 X 正方向平移 PX2，即其平移量 PX0 = PX1 + PX2；以此类推，抓最后一个箱子 6，抓手在箱子 7 的位置先按 Y 负方向平移 PX1，然后按 X 正方向平移 PX2，再按 Z 负方向平移 PX3，即其平移量 PX0 = PX1 + PX2 + PX3。平移指令见表 3-4。

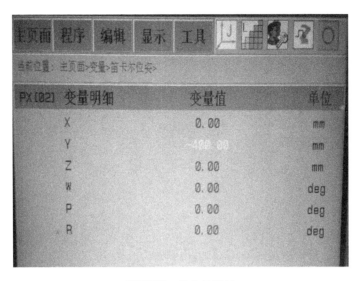

图 3-39 平移量设置

表 3-4 平移指令说明

序号	程 序	注 释
1	LAB0	//标签0
2	MOVJ P16, V50, Z0	//移动到备料区上方
3	JUMP LAB10, IF RO = = 0	//跳转7, 9, 11箱子步序
4	JUMP LAB11, IF RO = = 3	//跳转8, 10, 12箱子步序
5	JUMP LAB12, IF RO = = 6	//跳转1, 3, 5箱子步序
6	JUMP LAB13, IF RO = = 9	//跳转2, 4, 6箱子步序
7	LAB10	//7, 9, 11箱子平移量赋值
8	PX0 = PX0	
9	JUMP LAB1	
10	LAB11	//8, 10, 12箱子平移量赋值
11	PX0 = PX2	
12	JUMP LAB1	
13	LAB12	//1, 3, 5箱子平移量赋值
14	PX0 = PX3	
15	JUMP LAB1	
16	LAB13	//2, 4, 6箱子平移量赋值
17	PX0 = PX2 + PX3	
18	JUMP LAB1	

4）编写抓取程序。先将抓手快速移动到纸箱上方 P1，再中速下降到纸箱中部位置 P2，最后缓慢下降到纸箱抓取位置 P3，抓手夹紧纸箱，抓手中速上升到 P2 位置，快速移动到 P1 点。抓取如图 3-40 所示，抓取指令见表 3-5。

图 3-40　抓取图片

表 3-5　抓取箱子指令说明

序号	程　序	注　释
1	LAB1	
2	SHIFTON PX0	//平移指令开
3	MOVJ P1，V50，Z0	//快速移动到箱子上方
4	MOVL P2，V30，Z0	//中速下降到箱子中部
5	MOVL P3，V10，Z0	//缓慢移动到箱子夹紧位
6	DOUT OT8，OFF	
7	DOUT OT9，ON	//夹具夹紧
8	DELAY T0.5	//延时 0.5s
9	WAIT IN8，ON，T0	//等待夹具夹紧到位信号
10	MOVL P2，V30，Z0	//移动回箱子中部
11	MOVJ P1，V50，Z0	//移动回箱子上方
12	SHIFTOFF	//平移指令关
13	ADD PX0 PX1	//PX0 平移值增加
14	INC R0	//箱子计数加 1

5）将纸箱抓取放在输送带前端外侧，作为过渡点 P4，再将纸箱移动到输送带上方 P5，上料光电开关检测区域 P6，光电开关检测到纸箱，停止输送带，将纸箱放在输送带上 P7，松开抓手，抓手退回输送带上方 P5，起动输送带，抓手回到安全点，如图 3-41 所示。

6）输送带将纸箱运送到输送带末端，抓手移动到输送带末端外侧 P8，等末端光电开关检测纸箱信号，抓手移动到纸箱上方 P9，再下降到纸箱抓取位置 P10，抓手夹紧，抓手退回上方 P9 位置，再移动到下料板上方位置，如图 3-42 所示。

7）将纸箱码垛在放料托板上，其实是抓取纸箱的逆过程，按照步骤 4 的方法，建立偏移量 PX11、PX12、PX13 和 PX14；通过平移程序将纸箱对应放到相应位置，放料程序见表 3-6。

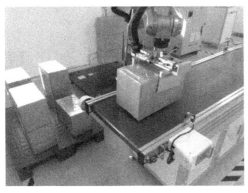

图 3-41 上料图片   图 3-42 下料图片

表 3-6 放料程序说明

序号	程 序	注 释
1	LAB4	
2	SHIFTON PX10	//平移指令开
3	MOVJ P12，V30，Z0	//移动到箱子放置上方
4	MOVJ P13，V10，Z0	//缓慢移动到箱子放置位
5	DOUT OT9，OFF	
6	DOUT OT8，ON	//夹具松开
7	DELAY T0.5	//延时 0.5s
8	WAIT IN9，ON，T0	//等待夹具松开到位信号
9	MOVJ P12，V20，Z0	//移动回箱子上方
10	SHIFTOFF	//平移指令关
11	PX10 = PX10 + PX11	
12	MOVL P11，V100，Z0	//移动到下料区上方
13	MOVJ P0，V50，Z0	//移动回安全点
14	JUMP LAB0，IF R0 < = 11	//箱子计数小于 12 则返回 LAB0 继续执行
15	END	

8）重复以上步骤，直至全部纸箱码垛完毕，如图 3-43 所示。

图 3-43 码垛完成图片

5. 安全操作注意事项

在编写程序时，首先设置好对应的平移量，注意平移量的单位是"mm"和"（°）"。编写程序过程中，获取位置点坐标时要准确，否则容易撞坏箱子或末端执行器。在运行程序前，先把箱子移开，让机器人先空跑一次程序，确定程序准确无误后，方可将箱子放到托板上。

3.3 搬运、码垛工业机器人工作站应用实例

3.3.1 项目概述

本项目是使用 1 台 RB50 机器人辅助 1 台切割机搬运的自动化单元，此类为小单元，整体布局由多个小单元组合而成。此方案以小单元为例，4 个小单元为一个大单元，总体布局如图 3-44 所示。

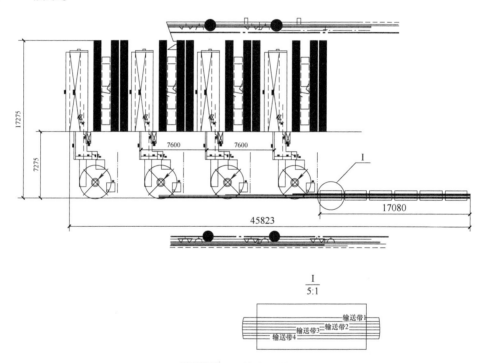

图 3-44　总体布局简图

针对甲方方通类工件的自动化搬运设计，小单元搬运设备由 2 台冲压机、1 套关节机械手广州数控机器人 RB50 、1 台切割机、1 条输送线、6 个箱子、单元控制器及电气系统等设备组成，构成高产能、高精度自动化生产单元。该项目根据用户的实际需要，吸取了当代国际上先进的优化设计手段，配置国内外先进的功能部件，并融入广州数控公司多年的技术储备与先进的制造工艺产品，是精心设计的一种集电气、自动控制、液压控制和现代机械设计等多学科、多门类的精密制造技术为一体的机电一体化机床新产品。项目采用模块化设计，可根据用户的使用要求，进行任意的组合。

3.3.2 工艺方案

工件为方通类零件，采用 1 台切割机对应 1 台 RB50 机械手、2 台冲压机、1 条输送线和 6 个箱子的布局形式。

1. 使用状况

必须依靠人工执行毛坯、工件进出加工单元的搬运及备料等工作，且须由人工更换刀具及加注切削液、润滑油等。为符合一般用户作业状况，本单元依人工操作分班制作业，可三班制作业。

2. 使用率

在考虑机器定期维修保养、暖机，以及准备刀具、毛坯和工件搬运等非生产工时后，根据公司的经验及统计资料，本自动化加工单元的使用率约为 85%。

3. 工艺方案设计依据

依据甲方提供的工艺，图样如图 3-45 所示，具体尺寸以图样为准。签协议前，甲方须提供型材全部规格。

（1）型材尺寸 截面 20mm × 20mm ~ 60mm × 60mm，壁厚 1.25 ~ 4.0mm。

（2）钢管材质 Q235B、510L、HC700/980MS、Qste700TM。

（3）锯切工件长度范围 50 ~ 2500mm。

（4）根据型材加工面宽度的大小选择合适的端部磷化孔冲孔模具。

A. 开孔面宽度 >50mm 的，冲孔大小为 17mm × 25mm。

B. 开孔面宽度 ≤50mm 的，冲孔大小为 12.5mm × 15mm。

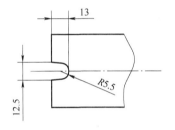

图 3-45 冲孔尺寸图

4. 工件加工工艺（以 CPJ2-429A 为例）

根据甲方提供的零件类型，零件采用 1 道工序加工，工艺和节拍估算见表 3-7。具体根据机床及夹具而定，甲方须对以下节拍（工序加工时间）进行核实：

表 3-7 工艺和节拍估算

工序	工序描述	参数设定	节拍/s	合计/s	备 注
OP1		打码、送料、切割		12	
OP2		冲孔、放置		12	

加工时间一般估算，只作为生产线布置节拍平衡估算，不作为最终加工时间的依据，实际时间以实测为准。

5. 自动加工单元流程规划（见表 3-8）

表 3-8 自动加工单元流程规划

用户名称	宇 通	
工件名称		
工件图号		
工件形状		

（续）

工件重量	毛坯最重约17kg
设备厂家	/
加工设备型号	/
加工设备系统	/
工件工序安排	OP10/OP2
要求节拍	12s
生产线要求	/
兼容要求	

3.3.3 加工单元标准配置及性能简述

针对客户工件加工工艺的分析，推荐使用 RB 系列机器人中的 RB50。本方案采用系统集成控制方式下的运行模式，在输送料道的配合下，完成零件的自动化加工。

1. RB 系列机械人配置

RB/MD 系列工业机器人广泛应用于搬运、弧焊及教学、机床上下料等领域。该系列产品型号及参数见表 3-9。

表 3-9 RB/MD 系列工业机器人产品型号及参数

项目 Item		型号 Type			
		RB03	RB08	RB20	RB50
自由度 Degree of Freedom		6	6	6	6
驱动方式 Drive System		交流伺服驱动 AC servo motor	交流伺服驱动 AC servo motor	交流伺服驱动 AC servo motor	交流伺服驱动 AC servo motor
有效负载 Maximum Load Capacity		3kg	8kg	20kg	50kg
重复定位精度 Position Repeatability		±0.05mm	±0.05mm	±0.08mm	±0.07mm
运动范围 Movement Range	J1 轴 J1 Axis	±170°	±170°	±170°	±180°
	J2 轴 J2 Axis	−60°～+150°	−85°～+120°	−95°～+133°	−90°～+130°
	J3 轴 J3 Axis	−170°～+75°	−170°～+85°	−166°～+76°	−160°～+280°
	J4 轴 J4 Axis	±190°	±180°	±180°	±360°
	J5 轴 J5 Axis	±125°	±135°	±133°	±120°
	J6 轴 J6 Axis	±360°	±360°	±360°	±360°
额定速度 Rated Speed	J1 轴 J1 Axis	2.62rad/s, 150（°）/s	2.09rad/s, 120（°）/s	1.90rad/s, 109（°）/s	1.23rad/s, 70（°）/s
	J2 轴 J2 Axis	2.62rad/s, 150（°）/s	2.09rad/s, 120（°）/s	1.30rad/s, 74.5（°）/s	1.12rad/s, 64（°）/s
	J3 轴 J3 Axis	3.14rad/s, 180（°）/s	2.09rad/s, 120（°）/s	1.74rad/s, 100（°）/s	0.90rad/s, 51（°）/s
	J4 轴 J4 Axis	4.71rad/s, 270（°）/s	3.93rad/s, 225（°）/s	3.93rad/s, 225（°）/s	2.51rad/s, 144（°）/s
	J5 轴 J5 Axis	4.71rad/s, 270（°）/s	2.53rad/s, 145（°）/s	2.56rad/s, 147（°）/s	2.92rad/s, 167（°）/s
	J6 轴 J6 Axis	4.71rad/s, 270（°）/s	5.24rad/s, 300（°）/s	5.16rad/s, 296（°）/s	5.10rad/s, 292（°）/s

（续）

项目 Item		型号 Type			
		RB03	RB08	RB20	RB50
周围环境 Environmental Condition	温度 Temperature	0 ~ 45℃			
	湿度 Humidity	20% ~ 80%（不结露）　20% ~ 80%（无条件）			
	其他 Other	1. 避免与易燃易爆及腐蚀性气体、液体接触 　Keep away from flammable, explosive and corrosive gases and liquid 2. 勿溅水、油、粉尘 Avoid water, oil and dust 3. 远离电器噪声源（等离子） 　Be far away from electric appliance noise source (plasma)			
安装方式 Installation Posture		地面安装 Installed on floor			
电柜质量 Electric Cabinet Weight		125kg			
本体质量 Robot Body Weight		75kg	180kg	245kg	600kg

2. 辅助装置配置

结构及配置如图 3-46 所示。

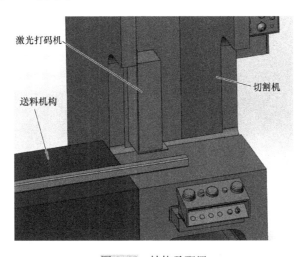

图 3-46　结构及配置

1）激光打码机。激光打码机动作原理及过程：切割机预先规划好型材长度，切割前，将长度信息传递给打码机。如果 200mm 对应是 1 号，则激光打码机给型材打码"1"，然后由送料机构将型材送进切割机，切割机按照预定长度进行切割。

2）夹手。根据零件的重量、外形，选用进口气动手爪。气动手爪的优点是灵敏、可靠及环保。短型材夹

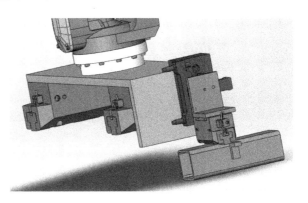

图 3-47　短型材夹持方式

持方式如图 3-47 所示。

长型材夹持方式如图 3-48 所示，旋转气缸旋转 90°让开空间。

图 3-48　长型材夹持方式

3）下料机构。下料机构动作原理及过程。如图 3-49 所示，读码器先对型材读码，若为"1"，则输送带将型材输送到 1 号箱子上方，分料机构的电动机转过一定的角度，将型材拨离输送线，掉进 1 号箱子；若读码器读码"3"，则输送带将型材输送到 3 号箱子上方，分料机构的电动机转过一定的角度，将型材拨离输送线，掉进 3 号箱子。

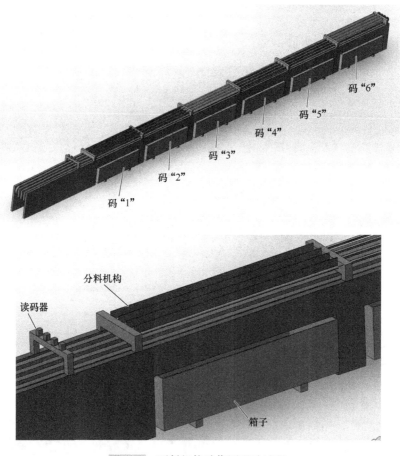

图 3-49　下料机构动作原理及过程

分料机构采用涡轮式叶片，分 6 段，每段都有一根转轴和叶片，将 6 段串联起来，叶片沿圆周均布错开，末端由电动机驱动，按照实际情况，转过一定角度，将型材拨离输送线，使其掉进箱子。

3.3.4 加工单元流程及节拍估算

1. 小单元流程

1）切割机预先规划好型材长度，切割前，将长度信息传递给打码机，如200mm对应是1号，则激光打码机对型材进行打码"1"，然后由送料机构将型材送进切割机，切割机按照预定长度进行切割。

2）机械手抓取OP1，放到冲压机上，冲压机对其进行冲孔，机械手旁边放置两台冲压机，一台冲压机对型材一端进行冲孔，另一台冲压机对另外一端冲孔。

3）机械手将OP2放在输送线上，流入末端，此处有读码器，读取识别型材长度信息，然后分类进入立体仓库。

4）如此循环（1台切割机对应1台RB50机械手，2台冲压机）。

2. 节拍估算

机械手初始位置：料架机械手上料位上方。运行数据：

1）机械手移动速度为1.5~2m/s，影响节拍的主要是加工时间和抓料时间。

2）机床加工零件期间机械手可以抓取毛坯或工件，或搬运工件交换等动作，机床的加工时间足够机械手完成上料的准备时间。

说明：以上时间仅供参考；机械手换料时间占用机床加工时间，其他时间与机床加工同时进行，夹具夹紧工件的时间和机床自动门的动作占相当时间。

3. 加工单元产量分析（仅供参考，具体以实际加工时间为准）

生产按每月26天，每天2班16h计。按零件估算加工时间计算，切割机切割时间为12s，机械手抓取OP2，两端冲孔，放在输送线上耗时12s，所以整个小单元12s出1件成品。

$$小单元月产量 = 26 \times 16 \times 3600 \times 85\% / 12 = 106080 \text{ 件}$$
$$大单元月产量 = 4 \times 106080 = 424320 \text{ 件}$$

以上节拍和单元产量只作为参考，与实际加工会有差异。如果产能更大，可建多个单元，一人可操作三个或四个大单元。

思考与练习

1. 简述搬运、码垛工业机器人工作站的优点。

2. 码垛工业机器人与搬运工业机器人的异同点有哪些？

3. 简述搬运、码垛工业机器人工作站的特点。

4. 简述搬运、码垛工业机器人工作站的组成。

5. 简述机器人末端执行器基本要求。

6. 吸附型末端执行器有哪几种？

7. 编写机器人平移指令注意事项。

8. 如何安装、调试气动末端执行器？

9. 安装、调试搬运和码垛工业机器人工作站时的安全操作注意事项有哪些？

10. 编写程序时的安全操作注意事项有哪些？

第**4**章

hapter

喷涂工业机器人
工作站系统

喷涂工业机器人是可进行自动喷涂的工业机器人，1969 年由挪威 Trallfa 公司（后并入 ABB 集团）发明。喷涂工业机器人工作站系统主要由机器人本体、计算机和相应的控制系统、检测系统、跟踪系统以及保证喷涂安全可靠生产的相关外围设备等组成。

 4.1 喷涂工业机器人工作站的组成

喷涂工业机器人工作站主要包括机器人本体、控制系统、喷涂系统、安全系统、应用系统以及辅助部分。各主要组成部分为：

1）机器人本体包括机器人、机器人控制柜和示教盒。

2）控制系统是连接整个工作站的主控部分，由 PLC、继电器、输入/输出端子组成一个控制柜，接收外部指令后进行判断，然后给机器人本体信号，从而完成信号的过渡、判断和输出，属于整个喷涂工作站的主控单元。

3）喷涂系统包括喷涂电源、喷涂喷头、喷涂料存储罐和运送机构。

4）安全系统包括挡光帘、外围工作房和安全光栅。

5）应用系统包括变位机、喷涂工装和喷涂相关装置。

6）辅助部分是喷涂材料、除尘装置等。

喷涂机械手工作站所采用的喷涂工业机器人主要由机器人本体、计算机和相应的控制系统组成。液压驱动的喷涂工业机器人还包括液压油源，如液压泵、油箱和电动机等。喷涂工业机器人多采用 5 自由度或 6 自由度关节式结构，手臂有较大的运动空间，并可做复杂的轨迹运动，其腕部一般有 1～3 个自由度，可灵活运动。较先进的喷涂工业机器人腕部采用柔性手腕, 既可向各个方向弯曲, 又可转动, 其动作类似人的手腕, 能方便地通过较小的孔伸入工件内部, 喷涂其内表面。

喷涂工业机器人的大量运用极大地解放了在危险环境下工作的劳动力, 也极大地提高了汽车制造企业的生产效率, 并带来稳定的喷涂质量, 提高了产品的合格率, 同时提高了油漆利用率, 减少了废油漆、废溶剂的排放, 有助于构建环保的绿色工厂。

1. 机器人本体

机器人本体即机座、臂部、腕部和终端执行机构, 是一个带有旋转连接和 AC 伺服电动机的 6 轴或 7 轴联动的一系列的机械连接, 使用轮系 (齿轮传动链) 和 RV (旋转向量) 型减速器。大多数喷涂工业机器人有 3~6 个运动自由度 (对于带轨道式机器人, 一般将机器人本体在轨道上的水平移动设置为扩展轴, 称为第 7 轴), 其中腕部通常有 1~3 个运动自由度。机器人本体如图 4-1 所示。

驱动系统包括动力装置和传动机构, 使执行机构产生相应的动作, 即每个轴的运动由安装在机器人手臂内的伺服电动机驱动传动机构来控制。安装在机器人手臂内的伺服电动机如图 4-2 所示。执行机构为静电喷涂雾化器, 不同品牌、不同型号的机器人手臂末端的接口不同, 根据生产工艺可选择不同的雾化器。

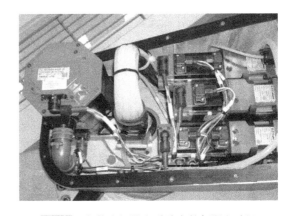

图 4-1 喷涂工业机器人本体 　　　图 4-2 安装在机器人手臂内的伺服电动机

对于采用溶剂型油漆喷涂的系统, 必须配备废油漆、废溶剂清洗回收装置, 避免环境污染, 达到环保生产的目的。

2. 机器人控制器

每一台机器人设备都可以独立地动作, 而机器人控制器 (简称 RC) 就是按照输入的程序对驱动系统和执行机构发出指令信号, 控制单台机器人设备运动轨迹的装置。控制器内的主要部件为与机器人手臂内的伺服电动机连接的伺服放大器及 CPU 模块, 如图 4-3 所示。不同型号的机器人配备不同内存的 CPU, CPU 内存储有用户自定义数据及程序。

CPU 将程序数据转换成伺服驱动信号给伺服放大器, 伺服放大器起动伺服电动机来控制机器人的运动。通常 CPU 模块还具备通过与不同类型的 I/O 模块连接实现与其他外部设备或机器人通信的作用。例如，与 PLC 的连接，这样就可以通过操作控制台来控制机器人的动作。一般一台控制器独立控制一台机器人，随着技术的发展和低成本化的进程，已出现一台控制器同时控制两台机器人运动的设备。

机器人示教器通过单根电缆与机器人控制器内的 CPU 连接，不同品牌机器人的示教器内安装了不同的应用软件，功能也有所差异。通过示教器操作面板上的按键来操作软件界面上的菜单。可以实现的主要功能为：直接编程、显示用户程序、操作机器人运动、预定义机器人位置、用户自定义程序和编辑系统变量等。

图 4-3　机器人控制器内部元件

3. 系统操作控制台

系统操作控制台（SCC）的主要功能是集成整个喷房硬件，实现系统自动化功能，包含系统所有与管理喷涂机器人活动相关的硬件及整合到每个喷房的相关硬件。例如，与喷房系统相关的安全互锁继电器、隔离光栅等。柜内安装有一个 PLC，如图 4-4 所示。以上硬件通过各种类型的 I/O 模块与 PLC 通信。PLC 通过 I/O 模块接收喷房单元内每一台机器人及系统单元外围设备的实时信号，包括与工厂主信息系统、其他机器人系统单元的数据交换，然后根据预先编制好的逻辑判断程序，对所收集接收到的信号做出相应的处理并发送结果变量给各相关系统。

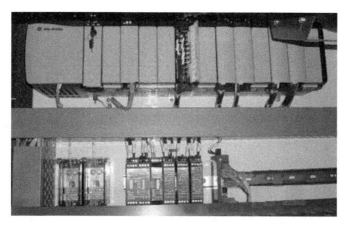

图 4-4　系统操作控制台内的 PLC

SCC 的另一个主要功能就是提供一个友好的操作界面实现人机交互，使整个系统在人的监控下按人的意愿有序而稳定地连续工作。一般将人机图形交互系统，即一部计算机主机和显示器整合到系统操作控制台内，计算机主机通过各种上层控制网络与 PLC 连接。不同厂家的人机图形交互系统计算机上装有不同的用户软件，该软件的人机界面上显示了整个区域内机器人系统的时实状态和用户操作菜单，可查寻相关的生产信息、报警等。大部分的设备操作都可通过操作 SCC 上的按钮或选择开关及人机交互界面上的菜单完成。

4. 工艺控制柜

应用自动喷涂工业机器人最主要的目的，是将不同种类、不同颜色的油漆，通过机器人的运动，均匀地涂抹在车身表面上。工艺控制柜（PCE）是在电信号与潜在的挥发性油漆和溶剂间的相对安全接口，将电信号转换为气动信号。PCE 柜内部元器件如图 4-5 所示，来自PLC 的电信号触发 PCE 柜内的电磁阀，打开空气（或真空）回路，通过一定的气压来驱动各个油漆或溶剂管路接口上的气动阀，将各种不同颜色的油漆或溶剂供给机器人喷涂作业或清洗管路等动作使用。

PCE 的主要功能为控制喷涂工艺的各种动作（如换色、清洗等），控制各种工艺参数，如油漆流量、雾化器旋杯转速等。随着机器人技术不断发展，大部分品牌的喷涂工业机器人系统均采用闭环流控制系统，通过在靠近终端执行器的机器人手臂上安装流量计或计量泵，达到精确控制油漆或溶剂实际输出流量值和设定值之间的误差。不同型号的机器人系统结构。可能会设计将 PCE 的功能部件分别集成到其他系统空间内，而不是单独形成一个工艺控制柜，这样可以节约生产现场的场地，美化生产环境。

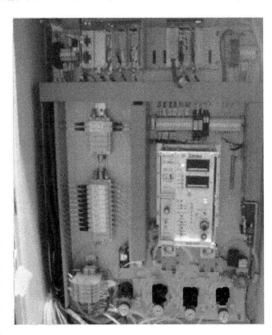

图 4-5　PCE 柜内部元器件

5. 车型检测系统

自动喷涂工业机器人具有很强的柔性生产能力，可同时喷涂各种不同形状的车身。出于保护系统的原因，在车身进入机器人喷房前对车身类型进行检测是非常必要的。一般采取在擦净功能区前安装若干对光电开关，并在离最近一对光电开关 1m 左右的输送链基架上，安装一个接近开关。根据不同的生产现场及所生产的车型间的差异程度，通过 PLC 程序来设置不同的检测位置，并调整好光电开关的安装位置。

当即将进入喷房的车身到达检测位置时，不同车型会触发不同组合的电子眼，以此检测来自工厂信息系统的车型信息与车型检测系统所检测到的车型是否一致。如果不一致，系统会产生报警并停止运行，需由操作员进行人工确认车型并在 SCC 的相应界面上输入正确的车型信息，PLC 再将正确的车型信息分别发送到各个机器人控制器内的 CPU 模块。CPU 将车型信息转化为各种指令，机器人根据指令来执行不同的程序，达到根据不同的车型机器人执行相应不同的喷涂轨迹的目的。

需要注意的是，要将相邻两对电子眼的发射端和接收端错开安装，避免产生错误信息。

6. 设置一个安全的、隔离的生产区域

由于机器人设备在正常的生产过程中是连续运行的，因此必须与人工区域严格隔离，以防止任何人身伤害事故的发生，实现安全生产。通常可在机器人自动喷涂区域的入口和出口处分别安装一对安全光栅，在生产过程中，若有人误闯入机器人自动喷涂区域，在安装光栅的位置就会触发光栅，系统产生相应的报警并立即停止运行，防止发生人身伤亡及损坏设备

的事故。但是，由于车身也必须通过安装安全光栅的区域进入自动喷涂区域，在这个过程中也会触发光栅。为解决这个相互矛盾的问题，可在安装安全光栅的位置前的输送链基架边上安装一个屏蔽安全光栅的开关，当运送车身的撬体运行到开关处就会触发开关，给系统 PLC 一个信号，这个信号用来屏蔽安全光栅。为了确保更严格的区分是人还是车身进入自动喷涂区域，更好的做法是在输送链基架的两侧各安装一个屏蔽开关，只有两个开关都被触发才能起到屏蔽安全光栅的作用。若有人误闯也不会同时触发两端的屏蔽开关，安全光栅依然处于工作状态，当人处于安全光栅的位置时仍会触发安全光栅。

7. 车身直线跟踪系统

运用于整车自动喷涂线的机器人，为了提高生产效率，在喷涂作业过程中车身一直跟随输送链按照设定速度前进，而不会脱离输送链固定在某处供机器人喷涂作业。因此，每一台机器人都必须知道在工作范围内每一台车身的实时位置信息。直线跟踪系统的硬件主要包括脉冲编码器、检测开关和编码器转发器。根据用户的要求可以选择不同的检测开关、触点开关或光学开关，也可以是接近开关，当车身随着地面输送链运动到检测开关的位置时触发检测开关，脉冲编码器开始计数，计算车身的实时位置。脉冲编码器的输入轴与地面输送链的中心轴机械地相连，以获取输送链运动的同步信息。输出轴连接到编码器转发器上。编码器转发器整合到 SCC 柜内，通过编码器转发器，可将车身的实时位置信息发送到 PLC 及各个机器人控制器上。

8. 电源分配柜

电源分配柜，也就是分电配源。引入工厂总电源，根据机器人系统单元及外围设备所需电源值的不同，分配给相应电压、电流值的电源。可以选择标准通用的 EDS 配电柜，也可根据用户需求自行设计非标配电柜。

4.2 喷涂工业机器人

4.2.1 喷涂工业机器人概述

喷涂工业机器人一般采用液压驱动，具有动作速度快、防爆性能好等特点。喷涂工业机器人广泛应用于汽车、仪表、电器和搪瓷等工艺生产部门。汽车喷涂工业机器人作业图如图4-6所示。

喷涂工业机器人的主要优点如下。

（1）柔性大

1）工作范围大。

2）可实现内表面及外表面的喷涂。

3）可实现多种车型的混线生产，如轿车、旅行车和皮卡车等车身混线生产。

图4-6 汽车喷涂工业机器人作业图

（2）提高喷涂质量和材料使用率

1）仿形喷涂轨迹精确，提高涂膜的均匀性等外观喷涂质量。

2）降低喷涂量和清洗溶剂的用量，提高材料利用率。

（3）易操作和维护

1）可离线编程，大大缩短现场调试时间。

2）可插件结构和模块化设计，实现快速安装和更换元器件，极大地缩短维修时间。

3）所有部件的维护可接近性好，便于维护保养。

（4）设备利用率高 往复式自动喷涂机利用率一般仅为40%～60%，喷涂工业机器人的利用率可达90%～95%。

4.2.2 喷涂工业机器人分类

按是否具有沿着车身输送链运行方向水平移动的功能，分为带轨道式和固定安装式机器人；按安装位置的不同，分为落地式和悬臂式机器人。落地式机器人具有易于维护清洁的优点。带轨道式机器人具有工作范围相对较大的优点。悬臂式机器人可减少喷房宽度尺寸，达到减少能耗的作用。

从有无气喷涂来分，可分为以下两种：

（1）有气喷涂工业机器人 有气喷涂工业机器人也称低压有气喷涂，喷涂机依靠低压空气使油漆在喷出枪口后形成雾化气流作用于物体表面（墙面或木器面），有气喷涂相对于手刷而言无刷痕，而且平面相对均匀，单位工作时间短，可有效地缩短工期。但有气喷涂有飞溅现象，存在漆料浪费，在近距离查看时，可见极细微的颗粒状。一般有气喷涂采用装修行业通用的空气压缩机，相对而言一机多用、投资成本低，市面上也有抽气式有气喷涂机、自落式有气喷涂机等专用机械。

（2）无气喷涂工业机器人 无气喷涂工业机器人可用于高黏度油漆的施工，而且边缘清晰，甚至可用于一些有边界要求的喷涂项目。根据机械类型，可分为气动式无气喷涂机、电动式无气喷涂机、内燃式无气喷涂机和自动喷涂机等多种。另外要注意的是，如果对金属表面进行喷涂处理，最好选用金属漆（磁漆类），如图4-7所示。

图4-7 金属漆喷涂工业机器人

从能否移动来分，可分为以下两种：

（1）仿形喷涂工业机器人　仿形喷涂工业机器人根据被喷涂工件的外形特点，简化机器人本体的结构与控制方式，造价低廉，维修简便，喷涂质量基本上能满足工业的需求。据国外公司统计的数字显示，采用仿形喷涂工业机器人进行作业，喷房内部尺寸可减少 2/3，排风量减少 3/5，漆雾处理的冲水流量减少 1/3，涂料节省 30% ~ 50%。仿形喷涂工业机器人广泛应用于汽车、铁路机车车辆等机械制造业的喷涂作业，用于完成工件顶部与侧面的喷涂。有一种用于汽车车身喷涂的仿形喷涂工业机器人，该机器人模仿汽车车身的形状，同时在顶部与侧面各安装喷头，喷头固定在机架上，喷头与车身的距离、角度可以调节，以满足不同型号的车身的喷涂需要。机器人采用 PLC 控制方式，整个系统可靠性高，组态可灵活调整，编程方便，调试维护简单，对不同车型的车身通过编程即可达到仿形编程目的。

（2）移动式喷涂工业机器人　这类机器人主要用于高空的喷涂作业，如大楼、桥梁的高空喷涂等，配备缆绳、真空或磁吸附装置，充当机器人的下肢，使机器人能够在高空喷涂作业的同时进行移动。有一种缆索机器人，用于斜拉桥的高空喷涂，利用 PLC 作为机器人的控制系统，机器人系统运行稳定，可靠性高，可满足斜拉桥高空喷涂的需要。还有一种用于高层建筑喷涂作业的移动机器人，以真空吸附的方式进行高层建筑物的喷涂作业，机器人由支援系统、机器人本体和控制系统组成。其中支援系统包括移动小车、卷缆部件和悬挂装置；控制系统采 PLC 控制。机械手采用往复运动的方式，同时在喷涂机械手上安装了两套 CCD 摄像系统，可从支援小车的监视器实时监视喷涂作业情况和墙面喷涂的质量。该机器人的推广应用提高了高层建筑喷涂作业的质量、工作效率和安全可靠性，降低工人的工作量。

4.2.3　喷涂工业机器人工作站设计因素

1）机器人的工作轨迹范围。在选择机器人时需保证机器人的工作轨迹范围必须能够完全覆盖所需施工工件的相关表面或内腔。喷涂工业机器人的配置可满足车身表面的喷涂需求。间歇式输送方式工业机器人是对静止的共建施工，除工件断面上，还需保证在工件俯视面上机器人的工作范围能够完全覆盖所需施工的工件相关表面。当机器人的工作轨迹范围在输送运动方向上无法满足时，则需要增加机器人的外部导轨，来扩展其工作范围轨迹。

2）机器人的重复精度。对于涂胶工业机器人而言，一般重复精度达到 0.5mm 即可。而对于喷涂工业机器人，重复的精度要求可低一些。

3）机器人的运动速度及加速度。机器人的最大运动速度或最大加速度越大，意味着机器人空行程所需的时间越短，在一定节拍内机器人的绝对施工时间越长，可提高机器人的使用率。所以机器人的最大运动速度及加速度是一项重要的技术指标。需注意的是，在喷涂过程中（涂胶或喷涂），喷涂工具的运动速度与喷涂工具的特性及材料等因素直接相关，需要根据工艺要求设定。此外，由于机器人的技术指标与其价格直接相关，因而根据工艺要求选择性价比高的机器人。

4）机器人手臂可承受的最大荷载。对于不同的喷涂场合，喷涂（涂胶或喷漆）过程中配置的喷具不同，则要求机器人手臂的最大承载载荷也不同。

4.3 喷涂工业机器人工作站系统的应用实例

4.3.1 喷涂工业机器人在涂装生产线上的应用

案例分析：DURR 机器人系统在涂装生产线上的应用

奇瑞汽车股份有限公司涂装三车间喷涂生产线，从德国杜尔公司引进了 EcoRP6F140 型喷涂工业机器人，取代人工喷车身外表面，将操作人员从恶劣、繁重、重复和单一的工作环境中解放出来。同时，通过喷涂工业机器人生产线的应用与推广，提高了涂装生产效率、油漆的利用率及油漆车身的涂膜质量。

喷漆室主要设备工艺：

1. 流程

涂装三车间中涂、面漆线设备采用中涂一条线，输送链速为 8.2m/min。面漆两条线，输送链速为 4.4m/min。中涂线由输送工艺链入口 EMS 车型识别/MDIP 操作台、电离站、油漆管路 LED 显示器和 PR 站（8 台机器人）组成；面漆 I／II 线由输送工艺链入口 EMS 车型识别/MDIP 操作台、电离站、油漆管路 LED 显示器、BC1 站（4 台机器人）、BC2 站（4 台机器人）和 CC 站（4 台机器人）组成，如图 4-8 所示。

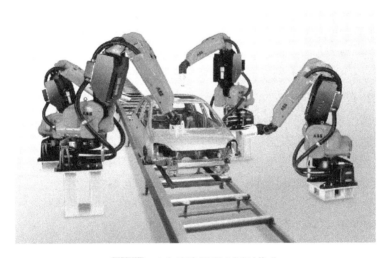

图 4-8　4 台喷涂机器人同时作业

2. EMS 车型识别系统

车型识别包括光栅识别、条形码识别、超声波识别和 EMS 识别等方式。每种识别都有各自的优缺点，车间机械化输送系统采用的是 EMS 自动识别车型系统。通过 PVC 细密封定色点用扫描枪对车身 VIN 码进行扫描，此处 EMS 读写站具有读写功能，可以将扫描的车身 VIN 码信息数据存储到滑橇上的载码体内，同时 PLC 将车身信息存储到中央控制室数据库中。当滑橇运送车身进入中涂线、面漆 I／II 线喷房入口时，喷房入口均设有一个 EMS 读写站，通过 EMS 读写站将滑橇上载码体车身信息传输到机器人站 MDIP 操作台车型颜色显示屏，如果载码体中没有存储车身信息或者车身信息错误，则需要人员核对随车卡和车身 VIN 码信息，并在 MDIP 操作台修改为正确的车身信息数据。

3. 机器人喷涂工作站

机器人喷涂工作站配备有一个 PU 操作台、EcoPSMP（电源）柜、EcoSCMP（工作站控制）柜、SBI/SBO 安全盒及 KetopC100 便携式编程器。对应每台机器人配备一个 EcoRCMP（过程与运动）柜和 MVS 气动控制柜及外部通风部件。

1）PU 操作台分为控制台与监控计算机。控制台主要用于对机器人设备进行日常操作、维护和控制。监控计算机通过上层网络与 PLC 连接，监控计算机安装有 INTOUCH 软件。通过软件的人机界面，工作人员可以实时监控机器人状态及相关的一些报警、生产日志等信息。

2）EcoPSMP（电源）柜用作电压配电柜，供机器人工作站 EcoSCMP 柜与机器人 EcoRCMP 运动控制柜一起使用。

3）EcoSCMP（工作站控制）柜用于机器人工作站的成套单元控制。电源单元为柜内电气设备提供了不同的电源、PLC 控制过程设备和车身轨迹跟踪。以太网开关用于网络分配，所有相关设备（RC2、PC 和 PLC 等）都按星形拓扑方式连接；现场总线部件将现场设备（传感器）和驱动装置（执行器）连接至 PLC；脉冲分配器在轨迹跟踪中，传输装置脉冲分配放大器所分配的脉冲通过同步 EcoRCMP 柜的 EcoRC2 控制器来进行控制。

4）SBI/SBO 安全盒采集机器人站现场安全信号，包括急停信号、光栅及摇摆门等安全元件。每个站都装有 5 个急停按钮，以备在紧急情况下停止设备运行；每个站进出口都有一对安全光栅、安全门，防止人员进入工作区域造成人身安全事故；通常每个站进口有两对接近开关，出口有一对接近开关，其作用是屏蔽光栅及传递数据。

5）KetopC100 便携式编程器是一种用于机器人示教编程、诊断操作及显示的装置，是 EcoPaintrobot 机器人系统的一个固件。其主要任务是管理机器人程序、操作机器人 EcoRC2 控制器、轨迹点示教、路径程序路线编程、显示程序状态和定位程序计时器。

6）EcoRCMP（过程与运动）柜用于控制 6 轴机器人的成套单元控制。当电源发生故障时，UPS 仅向少部分装置供电，用于系统性地关闭控制器以便事后重新起动。

7）EcoRC2 控制器是控制机器人和过程执行中所有运动的一个部件，上层应用程序允许用户与整个系统通信，中间层控制单元用来监视和控制工作流程，底层部件用于监控轴、计量泵、高电压部件及电子气动部件。EcoHTG100 高电压系统产生静电应用系统所需要的高电压。控制器为高压发生器提供可变直流电压，该电压在发生器中转换成交流电压，然后再次升压和转换成高达 100kV 的负极直流电压。

8）MVS 气动控制柜内的压缩空气由热再生干燥机处理后供给机器人，主要作用是保证安全及工艺控制。进入 MVS 柜后气源通过阀单元分配出多路气源，再经过调节阀供给机器人各个应用区域。

安全方面是供给喷涂机器人安全控制部件外部通风，应用外部通风部件是因为 EcoRP6F140 机器人在易爆区域。为了保证电气设备在易爆区域安全运行，该系统需要对安装在机器人壳体内的伺服电动机、涡轮转速和成形空气控制装置、高压发生装置及电磁阀组等电气部件进行通风。驱动装置壳体中安装了温度传感器，3 个温度传感器串联，设置的最大温度为 85℃。如果传感器中的一个或者几个达到最高温度，则产生报警信号，停止喷漆程序。

工艺控制方面通过 EcoRC2 控制器、BUS 模块、DDL 模块及电磁阀组成下一级网络层，将电信号转换为气信号，再控制机器人本体结构内部部件（如成形空气比例阀、驱动空气比例阀和换色阀等部件）。机器人按照喷涂工艺要求进行作业，如长清洗、短清洗、注漆及喷涂，喷涂过程中成形空气、驱动空气和流量等工艺参数都能实现闭环控制。

4.3.2　空调热喷涂工业机器人工作站系统集成的应用

1. 设备用途

该机器人工作站主要用于两种规格工件的自动化热喷涂作业，本方案设备采用双工位三班制，每班工作时间 8h，并且设备满足 24h 三班连续作业工作能力。

本工作站主要包括弧焊机器人 1 套、热喷涂 1t 水平回转台 2 套、3m 标准一维滑台一套、热喷涂系统 1 套（用户自备）、辅助设备 1 套和系统集成控制柜 1 套。

2. 机器人工作站简介

（1）工作站布局图　如图 4-9 所示，占地面积不小于 4m×4m（供参考），参照用户现场布置。

（2）移动滑台　该滑台可以同机器人配套使用，采用精密直线导轨导向，精密齿轮齿条无间隙技术传动，实现机头快速平稳移动，同时设置有坦克链导线装置，用以扩大机器人动作空间范围，使系统满足多工位或大工件焊接的要求。机器人滑台可自由编程，与机器人实现联动。移动滑台机构如图 4-10 所示。

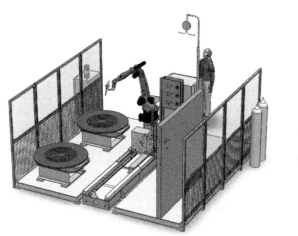
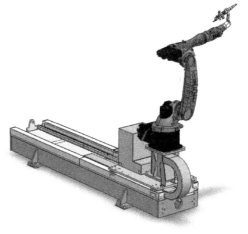

图 4-9　热喷涂机器人工作站布局图　　图 4-10　移动滑台机构

（3）技术参数

技术参数见表 4-1（仅供参考，以设计为准）。

表 4-1　技术参数

型　号	参　数	备　注
X 轴最大运动速度	20m/min	
X 轴有效行程	1600mm	总长约 3m
重复定位精度	±0.1mm	

79

3. 1t 水平回转台

水平回转台是将工件绕垂直轴回转的变位设备，工作台回转速度无级可调，主要用于管类、法兰盘类工件的焊接、堆焊或切割，还可用于装配、切割、检验、打磨和喷涂等作业。水平焊接回转台作为一个组件，与其他设备进行组合以增强原设备的使用功能。

本案配置的精密型水平回转台可以同机器人配套使用，主要用于喷涂过程中工件的回转功能。本机为座式结构，主要由机架、回转减速机构、工作台、控制系统等组成，如图 4-11 所示。

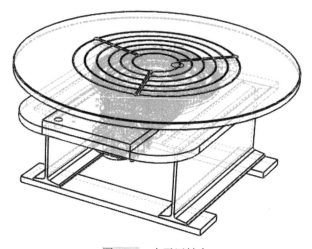

图 4-11　水平回转台

机架采用型材焊接而成，合理的结构设计保证了良好的刚度和工作状态中设备的稳定性。回转采用伺服系统驱动，回转载体采用高精度轴承，具有运行平稳、无间隙、回转精度高和分度准确的特点。

工作台采用铸铁精加工而成，表面加工 6 条 T 形槽（规格按用户要求），便于装夹；具有承载能力强的优点，长期使用时工作台面控制系统集成于机器人控制系统上，可预置并调节参数。

主要技术参数见表 4-2。

表 4-2　主要技术参数

型　　号	承　　重	转　　速	工作台直径	工作电压
SPHZ-20	1t	0 ~ 2r/min	1000mm	3 相 380V

思考与练习

1. 喷涂工业机器人的优点有哪些？
2. 简述喷涂工业机器人工作站系统的组成部分。
3. 简述喷涂工业机器人的分类。
4. 简述喷涂工业机器人工作站设计因素。
5. 根据本章内容，设计汽车喷涂工业机器人工作站系统图。

第**5**章

hapter

抛光、打磨工业机器人
工作站系统

5.1 抛光、打磨工业机器人工作站概述

5.1.1 抛光、打磨工业机器人工作站基本概念

抛光、打磨工业机器人工作站系统替代人工处理工件表面毛刺，不仅省时，而且抛光、打磨效果好，效率极高，避免了抛光、打磨作业对工人的身体伤害，以及空气污染和噪声对操作工人身心健康的影响。目前抛光、打磨工业机器人系统集成应用于压铸工作站及硬模浇注、砂型铸造和制芯等工序的常规作业。随着经济及技术的发展，抛光、打磨工业机器人系统集成产品和柔性机器人自动化解决方案具有巨大应用市场，目前已经广泛应用于卫浴行业、IT行业、汽车零部件、工业零件、医疗器械和民用产品等高精度的抛光、打磨抛光作业行业，主要应用于锯割、磨削、抛光、凿边、铣削、去飞边、磨光和去毛刺等。

抛光、打磨工业机器人工作站系统采用六关节工业机器人，配置动力主轴和抛光、打磨工具等，完成复杂形状铸件的外形和内腔的直边与圆边的抛光、打磨去毛刺加工，实现传统去毛刺机床不能承担的抛光、打磨工作，可以在计算机的控制下实现连续轨迹控制和点位控制。

1. 机械抛光

通过电动机带动海绵或羊毛抛光盘高速旋转，抛光盘和抛光剂共同作用并与待抛表面进行摩擦，达到去除漆面污染、氧化层和浅痕的目的，使产品表面变得光洁透亮，增加美观度。很多家电产品表面光洁透亮，就是经过抛光达到的效果。

抛光可分为机械抛光、化学抛光、电解抛光几种，目前抛光、打磨机器人使用的抛光方法主要是机械抛光。

2. 打磨

对工件表面进行加工处理，以便去除工件尖角、毛刺等多余材料，使工件表面更加平整光洁。但抛光、打磨对加工表面的要求不如抛光的要求高。常见的抛光、打磨包括机械加工后处理，如内腔、内孔去毛刺，孔口、螺纹口去毛刺；焊缝抛光、打磨，去除焊缝尖角，增加平整度；铸件抛光、打磨，去除铸造毛刺、飞边等。

抛光与打磨的工艺过程是类似的，因此，在使用机器人进行抛光与打磨时，对机器人的要求，工作站的形式与结构都非常类似。很多情况下，抛光与打磨机器人能同时完成这两项工作，抛光与打磨的主要不同在于抛光工具与打磨工具不同。打磨要求去除的材料较多，需要的力量较大，打磨工具是硬性材料，能快速切除工件多余材料，因此常使用各种形式的砂轮；而抛光时产品表面本身已经很平整，抛光主要是为了得到高质量的表面效果，因此抛光工具多以海绵或羊毛类材料制成盘类、带类工具，是软性工具，通过调整摩擦，让产品表面更加光亮。

由于抛光与打磨的共性，现将二者合并介绍，如图5-1所示。

图5-1 抛光、打磨工业机器人工作站

5.1.2 抛光、打磨工业机器人特点与分类

使用机器人抛光、打磨，具有以下优点：

1）稳定和提高抛光、打磨质量和产品光洁度，保证抛光、打磨产品的一致性。

2）提高生产率，一天可24h连续生产。

3）改善工人劳动条件，可在有害环境下长期工作。

4）降低对工人操作技术的要求。

5）缩短产品改型换代的周期，减少相应的投资设备。

6）可再开发性。用户可根据不同样件进行二次编程，以便同一工作站能完成不同产品的抛光、打磨工作，增强产品适应能力。

抛光、打磨工业机器人工作站中的机器人按照对工件处理方式的不同可分为工具型抛光、打磨工业机器人和工件型抛光、打磨工业机器人两种。

工具型抛光、打磨工业机器人工作时，是机器人使用不同抛光、打磨工具对固定位置的产品进行抛光、打磨。机器人包括工业机器人本体和抛光、打磨工具系统，力控制器、刀库和工件变位机等外围设备，由总控制电柜连接机器人和外围设备，总控制柜的总系统分别调控机器人和外围设备的各个子控制系统，使抛光、打磨工业机器人单元按照加工需要，分别从刀库调用各种抛光、打磨工具，完成工件各个部位的不同抛光、打磨工序和工艺加工，如图5-2所示。

工件型抛光、打磨工业机器人是一种通过机器人抓手夹持工件，把工件分别送达到各种位置固定的抛光、打磨机床设备，分别完成磨削、抛光等不同工艺和各种工序的抛光、打磨加工的抛光、打磨工业机器人自动化加工系统。其中砂带抛光、打磨工业机器人最为典型，如图5-3所示。

图5-2　工具型抛光、打磨工业机器人

图5-3　工件型抛光、打磨工业机器人

抛光、打磨工业机器人工作站主要由示教盒、控制柜、机器人本体、压力传感器、磨头组件及周边设备等组成，可以在计算机的控制下实现连续轨迹控制和点位控制，广泛应用于卫浴五金行业、IT行业、汽车零部件、工业零件、医疗器械、木材建材家具制造和民用产品等行业。

5.2　工具型抛光、打磨工业机器人

5.2.1　抛光、打磨工业机器人本体

抛光、打磨工业机器人与一般机器人的要求不完全相同，工件抛光与抛光、打磨工艺要求在抛光、打磨过程中，机器人要不断变换位置，以便能将需要抛光、打磨的部件全部抛光、打磨到位，同时，还需要对工件做进给运动，以便抛光、打磨适当的深度。在抛光、打磨一遍后，可能需要进行更加精细的抛光、打磨，因此，进给的准确性要求较高。同时，如果是精密抛光、打磨，还要求重复精度较高，这就为机器人的选择提出了要求。一般对抛光、打磨工业机器人应该具有以下要求：

1）抛光、打磨工业机器人一般要选用5关节工业机器人。这样机器人有5个或5个以上自由度，可以通过改变机器人姿态，使抛光、打磨工具从各种角度完成工件不同部位的抛光、打磨加工。

2）抛光、打磨工业机器人要选用具有一定刚度的工业机器人，以适应工具抛光、打磨

形成的冲击力。

3）抛光、打磨工业机器人采用的工业机器人要有一定精度，以保持工件抛光、打磨的一致性，工件高精度抛光、打磨，则要选用精度较高的工业机器人。

4）工业机器人的工作范围要能满足工件加工，防止抛光、打磨工具干涉。

抛光、打磨工业机器人工作站系统的组成：主要包括机器人系统，控制系统，抛光、打磨系统，安全系统，应用系统以及周边辅助设备。即：

1）机器人系统包括机器人本体、机器人控制柜和示教盒。

2）控制系统是连接整个工作站的主控部分，它由 PLC、继电器、输入/输出端子组成一个控制柜，接收外部指令后进行判断，然后给机器人本体信号，从而完成信号的过渡、判断和输出，属于整个焊接工作站的主控单元。

3）抛光、打磨系统包括抛光、打磨电源，抓取夹具，抛光、打磨转轮和运送机构。选择一个好的抛光、打磨电源是关键，能稳定和可靠地进行抛光、打磨。

4）安全系统包括挡光帘、外围工作房和安全光栅。

5）应用系统包括变位机，抛光、打磨工装，抛光、打磨相关装置。

6）辅助部分需要抛光、打磨片，排烟装置等。

1. 示教盒

示教盒是一种在可编程序机器人中，用来注册和存储机械运动或处理过程与线路的记忆设备。当加工一个产品时，其相应的工艺路线、旋转度数、前进速度和进给力量等参数，通过示教盒收集机器人的这些动作参数写入内存中。当这些数据内存被读取时，机器人就会以示教时的特定顺序、特定程度和速度重复执行示教时的动作。因此，示教盒是一种智能自动设定系统参数的工具，可以减少用户编程与系统设置的工作量，提高工作效率。部分示教盒外观如图 5-4 所示。

图 5-4　示教盒外观

2. 控制柜

控制柜是机器人的控制核心，主要包括控制计算机、传感器、存储设备、通信与网络接口等多种设备，完成记忆、示教、与外设联系、坐标设置、人机交互、位置伺服及故障诊断等作用，通过编程，可以控制操作机完成指定的工作任务。抛光、打磨机器人控制系统能按照输入程序，对驱动系统和执行机构发出指令信号，进行控制。抛光、打磨工业机器人通过示教和离线编程，控制抛光、打磨工业机器人位置、腰部姿态、腕部角度和抓手位置，充分满足各类工件的不同部位，完成抛光、打磨、去毛刺的各种工艺加工。

不同机器人用的控制柜如图 5-5 所示。

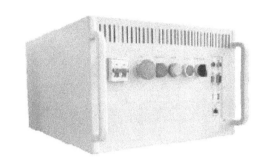

图 5-5　机器人控制柜

3. 机器人本体

机器人本体包括机体结构和机械传动系统，是机器人的支承基础与执行机构，包括传动部件、机身及行走机构、臂部、腕部及手部。图 5-6 所示是两种机器人本体。前面说过，抛光、打磨工业机器人要求至少 5 个自由度，其中抛光、打磨工业机器人的第 1 关节实现末端执行器前后移动，第 2 关节实现末端执行器的左右移动，第 3 关节实现末端执行器的上下移动，第 4~5 关节实现末端执行器的姿态调整。这样抛光、打磨工业机器人就可以像人一样通过变换身体和手腕姿态，完成一系列的抛光、打磨工作。

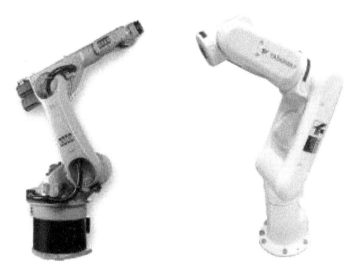

图 5-6　机器人本体

4. 压力传感器

压力传感器是工业实践中最为常用的一种传感器，广泛应用于各种工业自控环境，涉及水利水电、铁路交通、智能建筑、生产自控、航空航天、军工、石化、油井、电力、船舶、机床和管道等众多行业。压力传感器的作用是将压力转换为电信号输出，从而方便控制。机器人中通过压力传感器，将作用在抛光、打磨件上的力量转换成电信号，反馈到控制计算机中，控制计算机通过分析，从而确定对抛光、打磨或抛光件施加力量的大小，及其他进给参数。以确保抛光、打磨力量适中，保护抛光、打磨工具或被加工件不被损坏。压力传感器如图 5-7 所示。

图 5-7   压力传感器

（1）磨头   抛光、打磨机器用的磨头是切除多余材料的工具。磨头的形状与材料种类与加工对象有关，如抛光表面，可能用纱布磨头；对金属表面加工，可能用砂轮或金刚石磨头。按材质可将磨头分为陶瓷磨头、橡胶磨头、金刚石磨头、合金钢磨头、砂面轮磨头和树脂轮磨头等。磨头的形状根据抛光、打磨工件的情况不同而五花八门，有柱形、球形、锥形和盘形等。部分形状的磨头如图 5-8 所示。

图 5-8   不同形状的磨头

（2）抛光轮   抛光轮分为缝合轮、非缝合轮、整布轮和皱褶轮。缝合轮多用粗平布、麻布及细平布等缝合而成；非缝合轮、整布轮多用细软棉布制作而成；皱褶轮（也称风冷布轮）将布轮卷成 45°角的布条，缝成连续的有偏压的卷，再把布卷装在带沟槽的中间圆盘上，形成皱褶状。常见的抛光轮如图 5-9 所示。

图 5-9   常见的抛光轮

根据抛光对象的不同，选择不同材料的抛光轮。一般铝、镁、钛及其合金使用麻轮、风布轮；不锈钢的抛光可用麻轮、风布轮和棉布轮，塑料的抛光使用软风布轮等。不同材料在抛光时的速度见表5-1。

表 5-1 不同材料在抛光时的速度

被抛光基体材料	圆周速度/（m/s）
形状复杂的钢铁零件	20～25
形状简单的钢铁零件	30～35
铸铁、镍、铬	20～30
铜、银、镁、铝、锡及其合金	18～25
塑料	10～15

为了达到较理想的抛光效果，抛光时常使用抛光蜡等抛光剂配合，比如，不锈钢制品、钢铁、锌、铝、碳素钢管、铜和铁锌合金等金属制品抛光时，可以使用抛光蜡。

5.2.2 工具型抛光、打磨工业机器人的工具系统

1. 对工具型抛光、打磨工业机器人的要求

1）工具型抛光、打磨工业机器人的刀库系统，能储存3～5把抛光、打磨工具，方便对不同部位、不同要求的表面进行抛光或抛光、打磨。不同的机器人刀库系统不同，这主要与工作性质有关，比如抛光、打磨一些形状与结构复杂的零件，为了能完成每个部位抛光、打磨工作，需要使用不同大小和形状的刀具，这就要求刀库能存储更多种类的抛光、打磨刀具。当被加工零件形状简单时，就可以减少刀具的数量和种类。

2）抛光、打磨工具包括铣削、磨削、抛光工艺加工的铣刀、磨头和抛光轮等，满足粗、细、精等工艺加工。当被加工的零件余量较大时，可以使用铣刀进行抛光、打磨，去除零件大量多余材料；当余量较多时，可用磨削工具进行粗磨与精磨；当加工余量极少时，可用抛光工具进行抛光。根据被加工零件表面要求不同，抛光分粗抛光、半精抛光和精抛光等多道工序。

2. 抛光、打磨工具

（1）气动工具 几款气动抛光、打磨工具如图5-10所示。气动抛光、打磨机主要是利用压缩空气带动气动马达对外输出动能的一种气动工具。

图 5-10 气动抛光、打磨机

气动抛光、打磨机用途：广泛应用于铁板、木材、塑料和轮胎业表面研磨，船舶、汽车、磨具和航空业精细抛光，去毛边、除锈和去油漆等。

气动抛光、打磨机主要特点：多种外形结构，适合各种角度操作，体积小，转速高，研磨效率高，噪声低，震动小，具有强力的吸尘效果，长时间使用不疲劳；缺点是在工作过程中需要添加空气压缩机等制气设备。

气动抛光、打磨工具可以直接或通过改造后安装到工具型抛光、打磨工业机器人的末端执行器上，完成抛光、打磨任务。

（2）电动工具　电动抛光、打磨工具就是使用电动机来驱动抛光、打磨头的一种工具，是一种新型的可以用在木板、竹子、塑料、金属、石材、玉器、陶瓷和玻璃等软的、硬的材料上雕刻抛光、打磨的机器，省力省时方便。几种不同的电动抛光、打磨工具如图 5-11 所示。

图 5-11　电动抛光、打磨机

电动抛光、打磨机主要特点：

1）用电源提供动力，无须提供气泵，免去因为气源等因素困扰，还可为用户节约生产成本。

2）行程长，效率高，节能，环保，重量轻，噪声小，携带方便。

3）经济实用，配件充足，维修方便。

5.2.3　工具型抛光、打磨工业机器人的末端执行器

机器人的末端执行器是一个安装在移动设备或者机器人手臂上，使其能够拿起一个对象，并且具有处理、传输、夹持、放置和释放对象到一个准确的离散位置等功能的机构。末端执行器是直接执行作业任务的装置，大多数末端执行器的结构和尺寸都是根据不同的作业任务要求来设计的，形成了多种多样的结构形式。通常，根据其用途和结构的不同可以分为机械式夹持器、吸附式末端执行器和专用的工具（如焊枪、喷嘴和电磨头等）三类。机器人的末端执行器安装在操作机手腕（在配置有手腕的情况下）或手臂的机械接口上。多数情况下末端执行器是为特定的用途而专门设计的，也可设计成用途稍微多一点的低通用型末端执行器。安装在机械手上的末端执行器如图 5-12 所示。

图 5-12　安装在机械手上的末端执行器

爪型夹持器就是一种末端执行器，如图5-13所示。

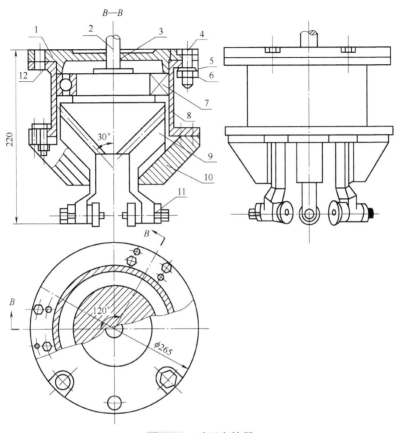

图5-13 爪型夹持器

1—端盖 2—锥形螺杆 3—毡圈 4—螺栓 5—垫圈 6—螺母 7—轴承
8—壳体 9—爪指 10—爪指滑动导槽 11—指端 12—调整垫圈

工具型抛光、打磨工业机器人，其末端执行器需要抓住一些抛光、打磨工具，如磨头，并传递动力使工具高速旋转，完成抛光、打磨的任务。工具型抛光、打磨工业机器人末端执行器如图5-14所示，属于专用工具类的末端执行器。其磨头动力由手部电动机提供，属于电动型。在抛光、打磨工业机器人行业，气动型也常用，液压型使用较少。

图5-14 抛光、打磨工业机器人末端执行器

5.2.4 机器人行走导轨

抛光、打磨工业机器人可以通过导轨行走，扩大工作范围，有利于不同车间场地的机器人单元的布局。机器人行走导轨，相当于给机器人增加了一个自由度。导轨行程大，可扩展机器人工作空间。行走导轨的形式可能是直线型导轨、半圆形导轨等。不同导轨形式如图5-15所示。

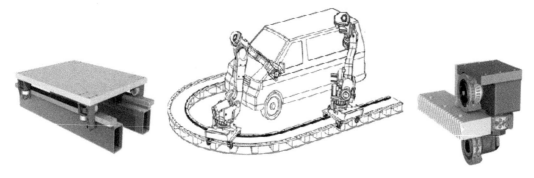

图 5-15　不同导轨形式

5.2.5 工件变位机

抛光、打磨过程中，由于工件不同部位需要抛光、打磨，如果只靠机器人的自由度变位，可能有些部位的抛光、打磨难以实现，因此，可以配置工件变位机，通过变位机的回转或翻转，达到抛光、打磨所有工件部位的作用。工件变位机形式是多种多样的，目前市场上有专门生产的变位机，多用于焊接机器人设备中，抛光、打磨工业机器人可以使用这些设备，如果抛光、打磨零件特殊，可以自行设计工件变位机。工件变位机如图5-16所示。

图 5-16　工件变位机

5.3　工件型抛光、打磨工业机器人

工件型抛光、打磨工业机器人，是一种通过机器人抓手夹持工件，把工件分别送达到各种位置固定的抛光、打磨机床设备，分别完成磨削、抛光等不同工艺和各种工序的抛光、打

磨加工的自动化加工系统。其中砂带抛光、打磨工业机器人最为典型。

　　工件型抛光、打磨工业机器人单元主要适用于中小零部件的自动化抛光、打磨加工。机器人自动化抛光、打磨单元还可以根据需要，配置上料和下料的机器人，完成抛光、打磨的前后道工件自动化输送。

5.3.1　工件型抛光、打磨工业机器人概述

1. 工件型抛光、打磨工业机器人的基本要求

　　1）工件型抛光、打磨集成采用的工业机器人本体选型，其负载和臂载必须满足工件重量需要，有足够的工作范围，防止工件在抛光、打磨过程中与机器人和抛光、打磨设备发生干涉。被抛光、打磨的产品由夹持器夹持后，在不同抛光、打磨设备上抛光、打磨，抓持的零件能承受一定的力量，有一定刚度，不至于将工件损坏或变形；抓持零件的部位要合适，保证不损坏零件，能方便将工件需要抛光、打磨的部位加工到位。

　　2）工件型抛光、打磨工业机器人单元的布局。抛光、打磨设备根据车间场地情况可按"一"字排列，机器人通过行走导轨，分别在各种抛光、打磨设备上完成不同抛光、打磨工序。也可以按"品"字方式布局，成为抛光、打磨加工岛，机器人在各类抛光、打磨设备中间，机器人回转完成工件的各种抛光、打磨工艺和工序。

2. 工件型抛光、打磨工业机器人配备的抛光、打磨设备

　　工件型抛光、打磨工业机器人的设备主要根据抛光、打磨要求进行设计，目前市场上存在大量不同类型的抛光、打磨设备。在进行抛光、打磨工作时，要根据抛光、打磨材料类型，抛光、打磨零件形状及大小，抛光、打磨工艺要求，选择不同的抛光、打磨设备。机械零件的抛光、打磨，以金属材料为主，常用配置如下：

　　1）按抛光、打磨工艺要求，分别配置砂带机、毛刷机、砂轮机和抛光机等。不同抛光、打磨设备如图5-17所示。

　　2）按精度要求，分别配置粗加工、半精加工和高精加工等各种工艺的抛光、打磨设备。

图5-17　砂带机、砂轮机和抛光机

5.3.2 工件型抛光、打磨工业机器人的主要组成

工件型抛光、打磨工业机器人，主要由工业机器人本体、砂带、毛刷等抛光、打磨机床设备组成，工件型抛光、打磨机器人系统还包括总控制电柜、抓手和力控制器等外围设备。通过系统组成，由总控制系统（控制电柜）分别控制机器人及抛光、打磨设备，从而实现工件的一次装夹，可以完成不同抛光、打磨工艺和工序，使加工效率大幅提高，并能保持工件抛光、打磨的一致性，保证加工质量。

工件型抛光、打磨工业机器人的机器人本体、控制系统和力控制器等设备与前面介绍的工具型抛光、打磨工业机器人基本相同，不同之处在于工件型抛光、打磨工业机器人要求强度高，能支承的重量大。工件型抛光、打磨工业机器人能举起重量较大的零件，而工具型抛光、打磨工业机器人只需要举起抛光、打磨工具。下面对工件型抛光、打磨工业机器人特有的设备进行介绍。

1. 工件型抛光、打磨工业机器人的抓手

1）工件型抛光、打磨工业机器人夹持工件的抓手，根据工件重量，采用单手爪、双手爪或四手爪，如图5-18所示。

图 5-18 不同的抓手

2）工件型抛光、打磨工业机器人夹持工件的抓手，根据工件形状，采用真空吸附式或电磁吸附式等。真空吸附式抓手与电磁吸附式抓手如图5-19所示。

真空吸附式　　　　　　　　电磁吸附式

图 5-19 不同吸附方式的手爪

2. 工件型抛光、打磨工业机器人的力控技术

工件型抛光、打磨工业机器人，可根据抛光、打磨需要配置力传感器，通过力传感器及时反馈机器人在抛光、打磨过程中工件与抛光、打磨设备的附着力以及抛光、打磨程度，防止机器人过载。工件抛光、打磨适度，确保工件抛光、打磨的一致性，防止产生废品。机器人在抛光、打磨工件，如图5-20所示。

图 5-20 机器人夹持工件在砂带机上进行抛光、打磨抛光作业

5.4 抛光、打磨工业机器人工作站的安装与调试

5.4.1 抛光、打磨工作任务及相关知识

安装与调试抛光、打磨工业机器人工作站。图 5-21 所示为工具型抛光、打磨机器人工作站，主要组成包括机器人控制柜、示教器、广州数控 RB08 工业机器人、线缆、底座、末端执行器、工作平台、分度盘、转盘、工件、气缸和支架等。

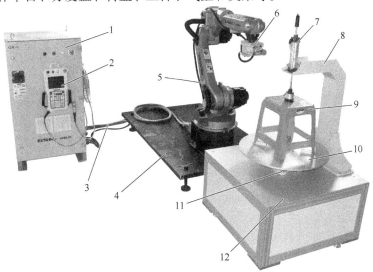

图 5-21 工具型抛光、打磨工业机器人工作站

1—机器人控制柜 2—示教器 3—线缆 4—底座 5—机器人本体 6—末端执行器
7—气缸 8—支架 9—工件 10—转盘 11—分度盘 12—工作平台

抛光、打磨工业机器人工作站的安装要求：机器人工作范围区不能受到干涉，机器人控制柜安装位置方便操作，摆放不能对机器人和抛光、打磨平台工作有干涉，抛光、打磨平台固定牢靠稳定。

线路连接要求：连接线接头连接需牢固，安全接地，气管接头密封工作到位。

5.4.2 抛光、打磨任务准备与实施

1. 任务准备

1）设备。RB08 机器人，机器人控制柜，手持示教器，抛光、打磨平台，主轴抛光、打磨电动机。

2）常用工具。内六角扳手（一套）、呆扳手（一套）、剪钳和小一字槽螺钉旋具。

2. 任务实施过程

（1）RB08 机器人控制系统的安装

1）机器人本体安装。广州数控 RB08 机器人本体质量为 200kg，建议进行吊装搬运，机器人较高，重心随轴运动改变，务必使机器先回到如图 5-22 所示搬运姿态再进行吊装作业。

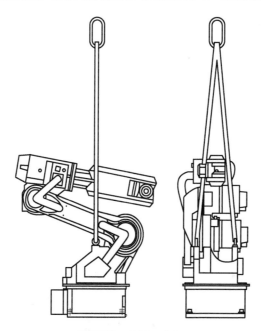

图 5-22 吊装姿态图

若使用叉车搬运作业，将机器人安装在具有足够负载能力的底板上，如图 5-23 所示。用螺栓固定，叉车叉子插入底板，连同机器人一起搬运。搬运过程中注意不要发生倾倒或歪斜，缓速运送。

机器人在高速运行时，本体机身由于惯性晃动较大，为了确保使用安全，机器人本体搬运到指定安装位置后必须用螺栓固定牢靠，以免发生安全事故，如图 5-24 所示。

2）机器人控制柜的安装。机器人控制柜比较重，顶面有两个吊环可进行吊装搬运，如图 5-25 所示。机器人控制柜根据现场要求，摆放在适宜的位置，保证方便操作，不得对抛光、打磨平台有干涉，不阻碍机器人运作和人行通道。

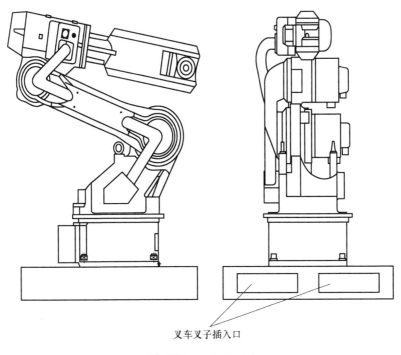

叉车叉子插入口

图 5-23　叉车搬运图

图 5-24　机器人本体固定图

图 5-25　机器人控制柜

3）机器人本体与控制柜的线路连接。如图 5-26 所示，机器人本体底座后方有两个重载接头，牵引控制柜侧端已引出两重载线对接插上①，该接头有防反插功能，若插不进去请检查。对应插入后拉下插头上卡扣即可锁定接头②，防止松动接触不良。

4）手持示教盒与控制柜的线路连接。手持示教盒为用户提供了友好可靠的人机接口界面，通过重载接头与控制柜门板上的接口连接，可以对机器人进行示教操作、程序编辑和再现运行等。手持示教盒接线的接头为 JX3A，控制柜正面预留 JX3B 示教盒接口，如图 5-27 所示，对准槽孔对插①，拉下卡扣②。

图 5-26　机器人本体与控制柜线路连接图

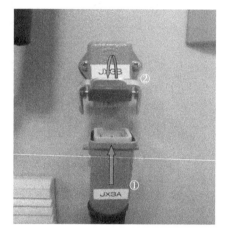

图 5-27　手持示教盒与控制柜线路连接图

机器人控制系统连接线整体呈现如图 5-28 所示。

5）RB08 机器人简单调试。

① 机器人按上述连接好，接上三相电源，检查无误，将手持示教盒和电控柜上的紧急停止按钮松开，把控制柜上的电源旋钮开关转到 ON 通电状态，如图 5-29 所示。

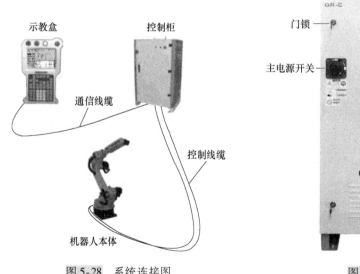

图 5-28　系统连接图

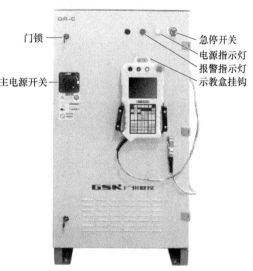

图 5-29　控制柜

② 观察示教盒显示屏显示信息，若无报警或异常状态，轻轻按下手持示教盒背后使能按键，如图 5-30 所示。

③ 按"坐标设定"键可切换坐标系，切换到关节坐标系，如图 5-31 所示。

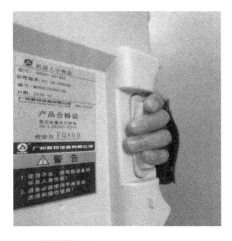

图 5-30　示教盒使能键操作图

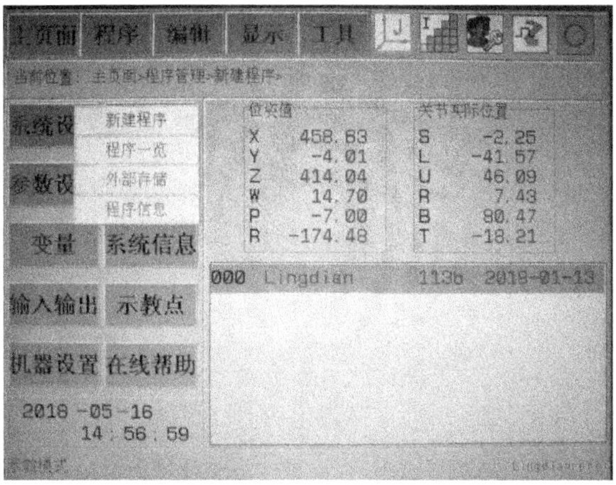

图 5-31　关节坐标系

[J]：关节坐标系。

[B]：直角坐标系。

[T]：工具坐标系。

[U]：用户坐标系。

[E]：外部轴坐标系。

④ 按住使能键，操作示教盒上的 X + /X － 、Y + /Y － 、Z + /Z － 、A + /A － 、B + /B － 、C + /C － ，观察各轴运行是否正常。若出现异常报警状态，参考"5.7.2 维护保养任务实施"表 5-2、表 5-3 所示机器人故障维修处理办法解决。

（2）抛光、打磨平台的安装与调试

1）抛光、打磨平台的安装。

① 对照装配图样将抛光、打磨平台支架装配好，如图 5-32 所示。

② 分度盘安装到底座平台上，锁紧螺钉，如图 5-33 所示。

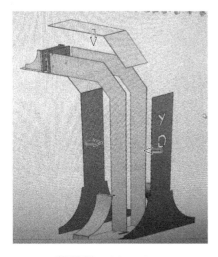

图 5-32　支架组装图

图 5-33　分度盘安装图

③ 转盘固定到分度盘上方，固定好螺钉，如图 5-34 所示。

④ 把组装好的支架安装到抛光、打磨平台上，再装上升降气缸，如图 5-35 所示。

图 5-34　转盘安装图

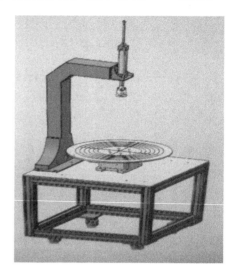

图 5-35　支架安装图

抛光、打磨平台组装完成效果如图 5-36 所示。

该平台使用万向轮方便移动，确定摆放位置后，旋转底下万向轮中的螺栓，如图 5-37 所示，降下脚杯，抛光、打磨平台可坐稳地面。固定抛光、打磨平台后可进行调试工作。

图 5-36　抛光、打磨平台组装完成效果

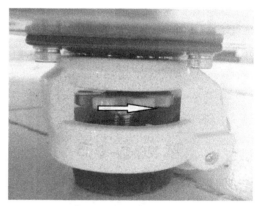

图 5-37　万向轮

2）抛光、打磨平台的调试。

抛光、打磨平台按要求位置摆好，将抛光、打磨平台的电源线及信号线连接牢固。该平台应用快接头对槽插上扭紧即可。

① 气缸上下动作的调试。接上气源，接通机器人控制柜电源，在手持示教盒里切换到编辑模式，选择"输入输出"，选择"数字 IO"。将 OT1 设置为"OFF"，OT2 设置为"ON"，压紧气缸上升动作。反之，将 OT1 设置为"ON"，OT2 设置为"OFF"，压紧气缸

向下动作。

② 分度盘转动的调试。将 OT3 设置为"OFF"，OT4 设置为"ON"，可监控到磁感应开关信号 IN8 为"1"，IN9 为"0"；再将 OT4 设置为"OFF"，OT3 设置为"ON"，监控到磁感应开关信号 IN8 为"0"，IN9 为"1"，分度盘实现转动。

③ 设置信号步骤。

A. 开机后界面如图 5-38 所示，光标在主界面。

B. 按手持示教盒上的"TAB"按钮可实现快捷菜单区、主菜单区和程序区的切换，将光标调到主菜单区"输入输出"，如图 5-39 所示。

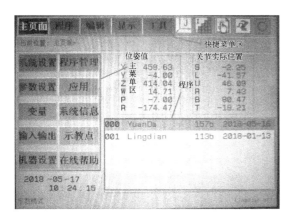

图 5-38 主页面

图 5-39 光标调到主菜单区"输入输出"

④ 按"选择"出现信号分类列表，如图 5-40 所示，选择数字 I/O 按下"选择"键。

⑤ 进入 OUT 输出信号列表，切换到编辑模式下光标在状态的列表，如图 5-41 所示，操作"选择"进行信号 ON/OFF 设置。

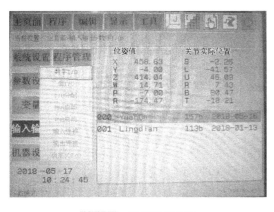

图 5-40 选择数字 I/O

图 5-41 进行信号 ON/OFF 设置

⑥ 如图 5-42 所示界面，按"TAB"键光标移动到"输入/输出"，按"选择"键切换到 IN 输入信号列表，可实时监控对应输入信号。

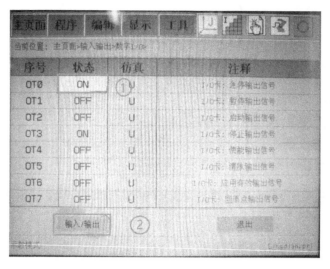

图 5-42　按"TAB"键光标移动到"输入/输出"

（3）末端执行器的安装与调试

1）末端执行器安装。末端执行器是安装在六轴发轮盘的抛光、打磨主轴电动机上。该工作站使用抛光、打磨电动机简单易操作。安装时把一块电动机安装板装到六轴发轮盘上，再将电动机固定在安装板上。电动机安装板如图 5-43 所示。

安装时对准槽孔，按对应孔位选择合适螺钉固定到六轴发轮盘上，如图 5-44 所示。

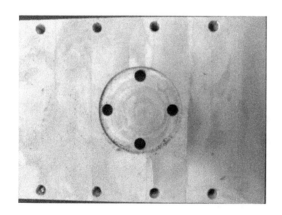

图 5-43　电动机安装板

图 5-44　安装电动机安装板

锁紧螺钉，固定主轴抛光、打磨电动机到安装板上，如图 5-45 所示。

插上电源对接口，如图 5-46 所示，可进入电动机调试。

2）末端执行器的调试。在此使用贝士德 FC300 系列高性能变频器控制主轴抛光、打磨电动机，使用前须进行变频器参数设置。

如图 5-47 所示，在变频器控制面板，按"取消"键进入参数设置界面，通过增减键调整到对应 P 参数，按"确认"键进入设置值，设定完成后按"确认"键即可保存参数。

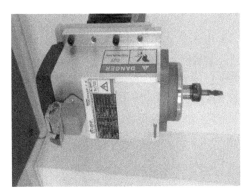

图 5-45　安装电动机　　　　　　　　图 5-46　插上电源对接口

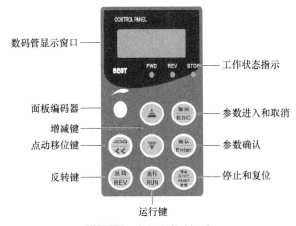

图 5-47　变频器控制面板

变频器设定参数如下：P001 设定为 7A；P002 设定为 220V；P003 设定为 300Hz；P004 设定为 40；P015 设定为 5；P018 设定为 5；P021 设定为 400；P030 设定为 25.5；P031 设定为 100；P032 设定为 150；P033 设定为 200；P034 设定为 250；P035 设定为 300；P036 设定为 350；P037 设定为 400；P056 设定为 1。

设置完成后断电重启，参数载入可执行以下操作：DOUT［08］设置为"ON"电动机正转工作，设置为"OFF"电动机停止工作；DOUT［09］设置为"ON"电动机反转工作，设置为"OFF"电动机停止工作；DOUT［10］、DOUT［11］、DOUT［12］分别为慢、中、快速。

切记：电动机正转或反转工作情况下必须待信号 OFF 后才能执行反向工作。

设置步骤请参考抛光、打磨工作台 I/O 信号设置调试步骤。

5.5 抛光、打磨工业机器人工作站的应用与操作

5.5.1　工作任务及相关知识

通过抛光、打磨工业机器人工作站的应用与操作，学习认识常用编程指令，懂得运用运动指令示教，掌握新工程程序建立、程序编写和修改知识，学会工作分析，运用机器人以最

优姿态进行作业。

在卫浴、五金、家电零部件等行业中，加工出来的工件有毛刺，需下一工序处理。本工作站工件采用塑料凳子，该工件存在许多毛刺，须抛光、打磨。抛光、打磨时先抛光、打磨加工凳子的一面，通过抛光、打磨平台协调转动，凳子换面进行加工，如图5-48所示。

RB08机器人运动范围如图5-49、图5-50所示。

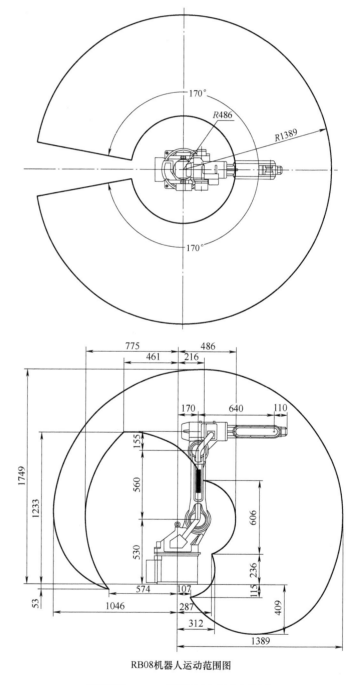

RB08机器人运动范围图

图 5-48　抛光、打磨工件　　　　图 5-49　RB08 机器人尺寸运动范围

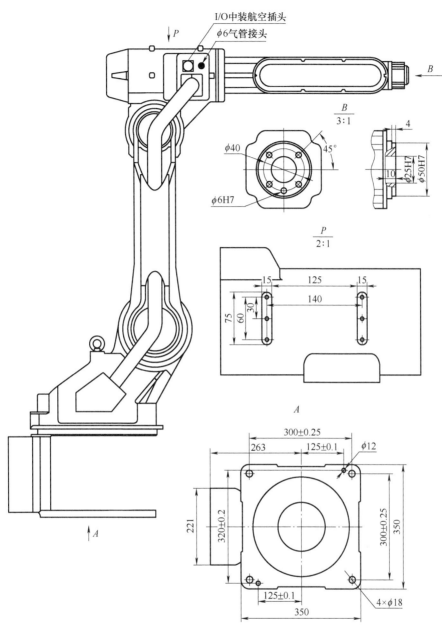

RB08机器人各部分连接接口尺寸

图 5-50　RB08 机器人运动范围

5.5.2　掌握应用程序指令

1. MOVJ

（1）功能　以点到点（PTP）方式移动到指定位姿。

（2）格式

MOVJ 位姿变量名，P＊＜示教点号＞，V＜速度＞，Z＜精度＞，E1＜外部轴 1＞，E2＜外部轴 2＞，EV＜外部轴速度＞。

（3）参数

1）位姿变量名。指定机器人的目标姿态，P＊为示教点号，系统添加该指令默认为"P＊"，可以编辑 P 示教点号，范围为 P0 ~ P999。

2）V＜速度＞。指定机器人的运动速度，这里的运动速度是指与机器人设定的最大速度的百分比，取值范围为 1 ~ 100（%）。

3）Z＜精度＞。指定机器人的精确到位情况，这里的精度表示精度等级，目前只有 0 ~ 4 五个等级。Z0 表示精确到位，Z1 ~ 4 表示关节过渡。

4）E1 和 E2 分别代表使用了外部轴 1、外部轴 2，可单独使用，也可复合使用。

5）EV 表示外部轴速度，若为 0，则机器人与外部轴联动，若非 0，则为外部轴的速度。

（4）说明

1）当执行 MOVJ 指令时，机器人以关节插补方式移动。

2）移动时，在机器人从起始位姿到结束位姿的整个运动过程中，各关节移动的行程相对于总行程的比例是相等的。

3）MOVJ 和 MOVJ 过渡时，过渡等级 Z1 ~ Z4 结果一样，MOVJ 与 MOVL 或 MOVC 之间过渡时，过渡等级 Z1 ~ Z4 才起作用。

（5）示例

MAIN；
MOVJ P＊，V30，Z0；
MOVJ P＊，V60，Z1；
MOVJ P＊，V60，Z1；
END；

2. MOVL

（1）功能　以直线插补方式移动到指定位姿。

（2）格式

MOVL 位姿变量名，P＊＜示教点号＞，V＜速度＞，Z＜精度＞/CR＜半径＞，E1＜外部轴 1＞，E2＜外部轴 2＞，EV＜外部轴速度＞。

（3）参数

1）位姿变量名。指定机器人的目标姿态，P＊为示教点号，系统添加该指令默认为"P＊"，可以编辑 P 示教点号，范围为 P0 ~ P999。

2）V＜速度＞。指定机器人的运动速度，取值范围为 0 ~ 9999mm/s，为整数。

3）Z＜精度＞。指定机器人的精确到位情况，这里的精度表示精度等级，目前有 0 ~ 4 五个等级，Z0 表示精确到位，Z1 ~ Z4 表示直线过渡，精度等级越高，到位精度越低。CR＜半径＞表示直线以多少半径过渡，与 Z 不能同时使用，半径的范围为 1 ~ 6553.5mm。

4）E1 和 E2 分别代表使用了外部轴 1、外部轴 2，可单独使用，也可复合使用。

5）EV 表示外部轴速度，若为 0，则机器人与外部轴联动，若非 0，则为外部轴的速度。

（4）说明　当执行 MOVL 指令时，机器人以直线插补方式移动。

（5）示例

MAIN；

MOVJ P*，V30，Z0；//表示精确到位

MOVL P*，V30，Z0；//表示精确到位

MOVL P*，V30，Z1；//表示用 Z1 的直线过渡

END；

3. MOVC

（1）功能 以圆弧插补方式移动到指定位姿。

（2）格式

MOVC 位姿变量名，P* <示教点号>，V <速度>，Z <精度>，E1 <外部轴 1>，E2 < 外部轴 2>，EV <外部轴速度>。

（3）参数

1）位姿变量名。指定机器人的目标姿态，P* 为示教点号，系统添加该指令默认为"P*"，可以编辑 P 示教点号，范围为 P0 ~ P999。

2）V <速度>。指定机器人的运动速度，取值范围为 0 ~ 9999mm/s，为整数。

3）Z <精度>。指定机器人的精确到位情况，这里的精度表示精度等级，范围为 0 ~ 4。

4）E1，E2 EV。同其他运动指令类似。

（4）说明

1）当执行 MOVC 指令时，机器人以圆弧插补方式移动。

2）三点或以上确定一条圆弧，小于三点系统报警。

3）直线和圆弧之间、圆弧和圆弧之间都可以过渡，即精度等级 Z 可为 0 ~ 4。

注意：执行第一条 MOVC 指令时，以直线插补方式到达。

（5）示例

MAIN；

MOVJ P1，V30，Z0；//程序起始点

MOVC P2，V50，Z1；//圆弧起点

MOVC P3，V50，Z1；//圆弧中点

MOVC P4，V50，Z1；//圆弧终点

END；

4. CALL

（1）功能 调用指定程序，最多 8 层，不能嵌套调用。

（2）格式

CALL JOB；

CALL JOB，IF <变量/常量> <比较符> <变量/常量>；CALL JOB，IF IN <输入端口> <比较符> <ON/OFF>。

（3）说明

1）JOB 程序文件名称。

2）<变量/常量>可以是常量，B <变量号>，I <变量号>，D <变量号>，R <变量号>。变量号的范围为 0 ~ 99。

3）比较符。指定比较方式，包括 = =、> =、< =、>、<和< >。

4）IN <输入端口>。指定需要比较的输入端口，取值范围为 0 ~ 31。

（4）示例

MAIN；

MOVJ P1，V100，Z0；

CALL JOB；//调用 JOB 程序

END；

5. RET

（1）功能　子程序调用返回。

（2）格式

RET；

（3）说明　在被调用程序中出现，运行后将返回调用程序，否则将在 RET 行结束程序的运行。

（4）示例

MAIN；

MOVJ P1，V60，Z0；

RET；//返回主程序

END；

5.5.3　抛光、打磨操作任务实施

1. 任务准备

1）设备。RB08 工业机器人、控制柜、手持示教盒。

2）工具。内六角扳手一套、呆扳手一套和剪钳。

2. 任务实施过程

建立机器人程序：

1）开机启动切换编辑或更高权限的模式。移动光标至"程序管理"，按"选择"出现如图 5-51 所示界面，选择"新建程序"，按下"选择"。

2）在新建程序界面，按"TAB"与移动键配合光标移动到程序名称，在图 5-52 所示位置按下"选择"。

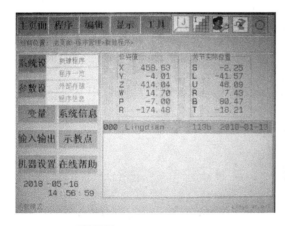

图 5-51　选择"新建程序"

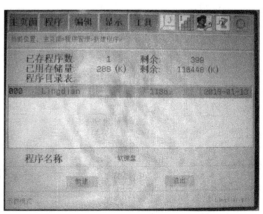

图 5-52　光标移动到程序名称

3）出现程序命名界面，如图5-53所示，通过"转换"按钮可切换大小写及字符键盘，输入程序名字，如YuanDa（见图5-54），名称输入完成后按"输入"按钮。

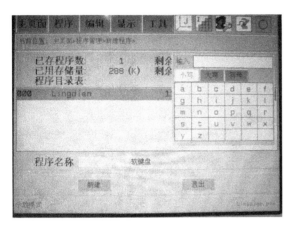

图5-53　出现程序命名界面　　　　　　　　图5-54　输入程序名字

4）如图5-55所示，按下"TAB"光标移动到"新建"，按"选择"即可完成程序新建，自动跳转到编辑界面，如图5-56所示。

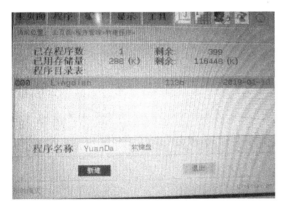

图5-55　完成程序新建

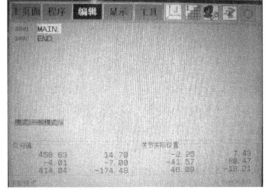

图5-56　编辑界面

5）在编辑界面下，按"添加"按钮，出现指令列表，如图5-57所示，可进行指令添加，选择对应指令按"选择"按钮即可添加指令，添加运动指令需同时按着手持示教器上的"使能键"。

6）添加一条指令，如图5-58所示，光标包含整条指令，按"修改"，光标位置缩小，如图5-59所示。

可进行P点位数字修改、示教等操作，修改完后按"输入"即可。

图5-57　指令列表图

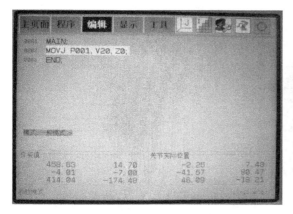

图 5-58　添加指令

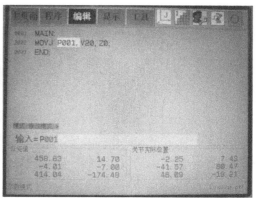

图 5-59　按"修改"光标位置缩小

5.6　抛光、打磨工业机器人工作站的故障检测

5.6.1　故障检测学习任务及相关知识

熟悉 RB08 工业机器人故障，了解常用报警代码，准确判断出故障位置，及时得到相应处理。

故障是指设备（元件、零件、部件、产品或系统）因某种原因丧失规定功能的现象。故障的发生一般与磨损、腐蚀和疲劳等密切相关。故障一般发生在元器件有效寿命的后期，有规律，可以预防，发生概率与设备运转时间有关。

故障有自然故障，也有人为故障。自然故障一般是设备自身原因造成的，人为故障一般是操作使用不当或意外原因。

引起故障的原因很多，主要包括：

1）环境因素。包括力、能、振动、污染等。

2）人为因素。包括设计不良、质量偏差、使用不当等。

3）时间因素。常见的磨损、腐蚀、疲劳和变形等故障都与时间有密切的关系。

设备出现了故障，必须及时检测并诊断出故障，正确地加以维修，让设备可以正常的运行。工业机器人的故障诊断一般采用设备诊断技术。抛光、打磨工业机器人工作站的故障检测，包括机器人的故障检测，抛光、打磨平台的检测，抛光、打磨电动机的检测及气缸的检测。

工业机器人工作站的检测、维修顺序一般是：

1）先软件后硬件。先检查程序应用、参数设置是否正确，检查无误后再进行硬件检查。

2）先机械后电气。只有确定机械零件无故障后，再进行电气方面的检测。

5.6.2　故障检测任务实施

1. 任务准备

1）设备。RB08 机器人，机器人控制柜，手持示教盒，抛光、打磨平台，主轴抛光、

108

打磨电动机。

2）工具。内六角扳手（一套）、呆扳手（一套）、万用表和一字\十字槽螺钉旋具。

2. 任务实施过程

（1）RB08 机器人的故障检测　抛光、打磨机器人工作站采用广州数控 RB08 机器人，机器人的检测包括系统诊断、系统报警、伺服报警及处理，在机器人示教盒中可监控到报警记录。

1）系统诊断。

①"系统信息"菜单。"系统信息"菜单由 5 个子菜单组成，移动光标至"系统信息"菜单，按"选择"键打开，弹出子菜单，如图 5-60 所示。

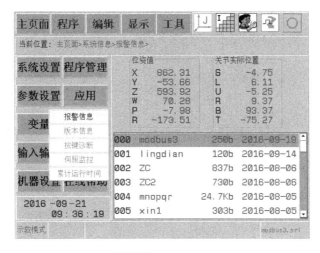

图 5-60　系统信息

弹出子菜单后，光标位置为上次离开该子菜单时的位置。通过上下方向键选择子菜单，按"取消"键可关闭离开该子菜单界面。

②"按键诊断"菜单界面。"按键诊断"菜单界面用来诊断各个按键是否正常，如图 5-61 所示。

图 5-61　按键诊断

2）系统报警。"报警信息"菜单界面用来浏览最近历史报警的信息，如图 5-62 所示。

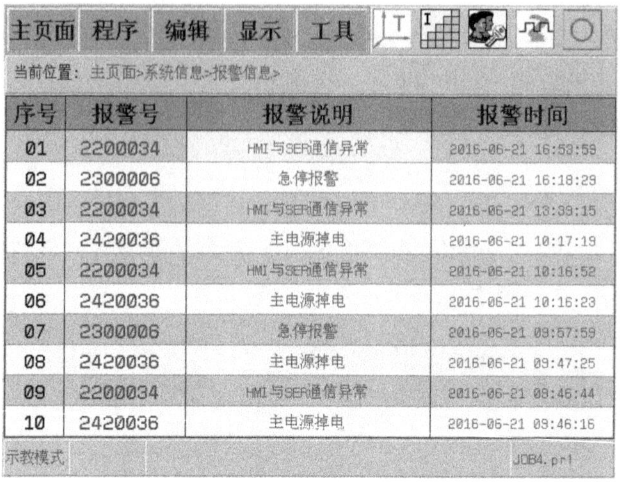

序号	报警号	报警说明	报警时间
01	2200034	HMI与SER通信异常	2016-06-21 16:53:59
02	2300006	急停报警	2016-06-21 16:18:29
03	2200034	HMI与SER通信异常	2016-06-21 13:38:15
04	2420036	主电源掉电	2016-06-21 10:17:19
05	2200034	HMI与SER通信异常	2016-06-21 10:16:52
06	2420036	主电源掉电	2016-06-21 10:16:23
07	2300006	急停报警	2016-06-21 09:57:59
08	2420036	主电源掉电	2016-06-21 09:47:25
09	2200034	HMI与SER通信异常	2016-06-21 09:46:44
10	2420036	主电源掉电	2016-06-21 09:46:16

图 5-62　报警信息

该界面显示了报警号、报警说明和报警时间等信息，通过上下方向键或"翻页"键可进行翻页浏览，按下"选择"键可将光标处的报警说明信息放大显示。按"取消"键退出该界面，返回主页面。

（2）抛光、打磨平台的故障检测　抛光、打磨平台不能转动，首先检查是否有气压且满足气压要求。手持示教盒切换到编辑模式，选择输入/输出。选择数字 I/O，将 OT4 设置为"OFF"，OT3 设置为"ON"；再将 OT4 设置为"OFF"，OT3 设置为"ON"。对照电路检查继电器是否起动，如果继电器不能起动，则检查抛光、打磨平台与机器人电控柜的连接线是否断路；如继电器能正常起动，检查电磁阀是否损坏。

磁性感应开关在手持示教盒里，切换到编辑模式，选择输入/输出，选择数字 I/O 监控。如不工作，首先检查磁感应开关的电源供给是否正常，再检查电控柜的连接线是否连接正确。

（3）主轴抛光、打磨电动机的故障检测　主轴抛光、打磨电动机起动不能转动，手持示教盒切换到编辑模式，选择输入/输出，选择数字 I/O，将 OT8 或 OT9 设置为"ON"，检查继电器是否能起动，如果继电器不能起动，检测抛光、打磨电动机与机器人电控柜的连接线是否连接正确；若继电器能正常起动，检查电动机对插头接线端子是否连接牢固。

（4）气缸的检测

1）好的气缸。用手紧紧堵住气孔，然后用手拉活塞轴，拉的时候有很大的反向力，放的时候活塞会自动弹回原位；拉出推杆再堵住气孔，用手压推杆时也有很大的反向力，放的时候活塞会自动弹回原位。

2）坏的气缸。拉的时候无阻力或力很小，放的时候活塞无动作或动作无力缓慢。拉出的时候有反向力但连续拉的时候慢慢减小；压的时候没有压力或压力很小。

3）一般磁性开关是不容易坏的，但在实际操作当中经常遇到磁性开关不工作，没有信号输出的现象，这是因为磁性开关的位置安装发生了变化，导致其感应不到气缸中的磁铁，因此要经常检查它是否紧固。

3. 安全操作注意事项

1）再现模式运行下禁止有人进入机器人工作活动区域，示教模式也要注意是否有人在运行机器人，合理控制速度。

2）抛光、打磨平台转动时禁止用手阻挡转动。

3）严禁工作中用手触摸主轴抛光、打磨转头。

5.7 抛光、打磨工业机器人工作站的维护保养

5.7.1 维护保养学习任务及相关知识

工业机器人是面向工业领域的多关节机械手或多自由度的机器装置，它能自动执行工作，是靠自身动力和控制能力来实现各种功能的一种机器，平时加强对设备的维护保养能够延长设备的使用寿命。

定期的维护与检查是机器人正常运转所必需的，同时也能确保作业时设备与人员的安全。抛光、打磨工作站的维护保养包括日常维护、定期检查与维护、电池更换、油脂补充与更换等项目。

5.7.2 维护保养任务实施

1. RB08 机器人日常维护，见表 5-2。

表 5-2 日常维护

维护设备	维护项目	维护时间	备 注
控制柜	检查控制柜的门是否关好	每天	
	检查密封构件部分有无缝隙和损坏	每月	
轴流风扇	确认风扇是否转动	3 个月	打开电源时
风扇防尘网罩及门上进风防尘棉	清理防尘网罩及防尘棉上的灰尘	3 个月	切断总电源时
急停按钮	动作确认	每天	接通伺服时
安全开关	动作确认	每天	示教模式时

（1）控制柜的维护

1）检查控制柜门是否关好

① 控制柜的设计是全封闭的构造，但因散热风扇的使用，仅能确保在一定程度上外部的粉尘、液体无法进入。

② 要确保控制柜门在任何情况下都处于完好关闭状态，即使在控制柜不工作时。

③ 开关控制柜柜门时，必须用钥匙打开。

④ 开关门时先把锁孔保护块向上推开，露出锁孔后用钥匙把锁打开，然后扳起黑色手柄，逆时针方向旋转大约 90°，轻拉则打开控制柜门。

2）检查密封构件部分有无缝隙和损坏

① 打开门时，检查门的边缘部的密封垫有无破损。

② 检查控制柜内部是否有异常污垢，如有，待查明原因后，尽早清扫。

③ 在控制柜门关好的状态下，检查有无缝隙。

（2）风扇的维护

1）风扇转动不正常，控制柜内温度会升高，控制柜可能就会出现异常故障，所以应检查风扇是否转动正常。

2）柜内风扇和背面轴流风扇在接通电源时转动，检查风扇是否转动，以及感觉排风口和吸风口的风量，确认其转动是否正常。

（3）风扇防尘网罩及门上防尘棉的维护

1）风扇防尘网罩要视使用环境定期清理，包括防尘网罩及网罩内的防尘棉，如果防尘网罩及防尘棉堵塞，会降低轴流风扇的散热效果，造成控制柜内温度过高及机器人系统异常。清理防尘网罩时先切断总电源，然后在柜体外从防尘网罩下方凹槽处往外掰开网罩，取出防尘棉清理，清理完放回防尘棉，扣上网罩即可。

2）门上防尘棉也要定期清理。切断总电源，打开控制柜门，抽出防尘棉框，用清水清洗，待水干后插回控制柜柜门相应位置。或者以其他方式清理防尘棉框，清理干净后插回控制柜柜门相应位置。

（4）急停按钮的维护　控制柜前门及示教盒上均有急停按钮，通电前必须确认急停按钮是否能正常工作。

（5）供电电源电压的检查　用万用表交流电压档检测控制柜进线断路器（QF0）上的L1、L2、L3 进线端子部位，确认供电电源电压是否正常，见表5-3。

表5-3　交流电压检查

测定项目	端　子	正常数值
相间电压	L1-L2、L2-L3、L3-L1	(0.85~1.1)×标称电压（AC 380V）
与保护零线之间电压（PE 相接地）	L1-PE、L2-PE、L3-PE	(0.85~1.1)×标称电压（AC 220V）

（6）进行断相检查，见表5-4。

表5-4　断相检查

检查项目	检查内容
检查电缆线的配线	确认电源电缆线三相380V 连接是否正确，若有配线错误及断线，请更正处理
检查输入电源	准备万用表，检查输入电源的相间电压。 判定值（0.85~1.1）×标称电压（AC 380V）
检查断路器（QF0）有无损坏	打开控制电源，用万用表检查断路器（QF0）的进线端及出线端相间电压，如果有异常，请更换断路器（QF0）

2. 定期检查与维护

正确的检修作业，不仅能使机器人经久耐用，对防止故障及确保安全也是必不可少的。检修包含的各个阶段及各阶段必要的检修项目见表5-5。

表 5-5　检修项目一览表

检修部位	检修间隔						方法	检修处理内容
	常	1000h	5000h	10000h	20000h	30000h		
(1) 原点标记							目测	与原点姿态的标记是否一致,有无污损
(2) 外部导线							目测	检查有无污迹、损伤
(3) 整体外观							目测	清扫尘埃、铁屑,检查各部分有无龟裂、损伤
(4) J1、J2、J3轴电动机							目测	有无漏油①
(5) 底座螺栓		○					扳手	检查有无缺失、松动;补缺、拧紧
(6) 盖类螺栓		○					螺钉旋具、扳手	检查有无缺失、松动;补缺、拧紧
(7) 底座插座		○					手触	检查有无松动,插紧
(8) J5、J6轴同步带			○				手触	检查同步带张紧力及磨损程度
(9) 机内导线(J1、J2、J3、J4、J5、J6轴导线)				○			万用表	检测底座的主插座与中间插座的导线(确认时用手摇动导线),检查保护弹簧的磨损
					○			更换②
(10) 机内导线(J5、J6轴导线)				○			万用表	端子间的导通试验,检查保护弹簧的磨损
					○			更换②
(11) 机内电池组				○				控制器显示电池报警或间隔10000h时换电池
(12) J1轴减速器			○	○			油枪	检查有无异常(异常时更换)。补油③(间隔5000h)换油③(间隔10000h)
(13) J2、J3轴减速器			○	○			油枪	检查有无异常(异常时更换)。补油③(间隔5000h)换油③(间隔10000h)
(14) J4、J5、J6轴减速器			○				油枪	检查有无异常(异常时更换)。补油③(间隔5000h)
(15) J6轴齿轮			○				油枪	检查有无异常(异常时更换)。补油③(间隔5000h)
(16) J4轴十字交叉滚子轴承			○				油枪	检查有无异常(异常时更换)。补油③(间隔5000h)
(17) 大修						○		

① 发生漏油时,油脂可能会侵入电动机。

② 机内导线(J1、J2、J3、J4、J5、J6部分)使用20000h时需更换。

③ 各部位使用的油脂参照表5-6。

表5-6　油脂一览表

作 业 序 号	使 用 油 脂	检 修 部 位
（12），（13）	Molywhite RE00	J1，J2，J3 轴减速器
（14），（15）	1 号锂基极压润滑脂	J4，J5，J6 轴减速器 J6 轴齿轮
（16）	00 号锂基极压润滑脂	J4 轴十字交叉轴承

注：作业序号与表5-5中的检修部位序号一致。

3. 电池更换步骤及注意事项

当机器人控制器显示电池电量不足报警时，必须立即更换电池，防止数据丢失。
电池盒的位置如图 5-63 所示。

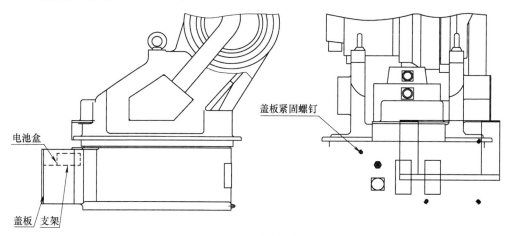

图 5-63　电池盒的位置

当系统显示需要更换电池时，按照以下步骤操作，如图 5-64 所示。

1）关闭控制器主电源。

2）拆下盖板，拉出电池组，以便更换。

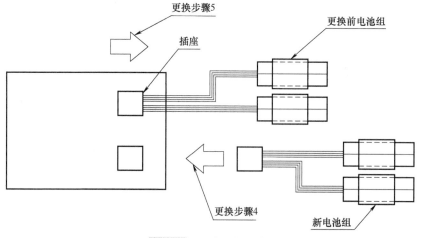

图 5-64　电池组的连接

3）把电池组从支架上取下。

4）把新电池组插在支架空闲的插座上。

5）拔下旧电池组。

6）把新电池组装到支架上。

7）重新装好盖板。

注意：安装盖板时，注意不要挤压电缆。为防止数据丢失，必须先连接新电池组，再拆旧电池组。

4. 油脂补充和更换的步骤及注意事项

进行油脂补充和更换时，错误的操作会引起电动机和减速器故障。

重要注意事项：

1）注油时如果没有取下排油口的螺塞，油脂会进入电动机或减速器，引起油封脱落，从而引起电动机故障。务必要取下排油口的螺塞。

2）要在排油口安装连接件、油管等，会引起油封脱落，造成电动机故障。

3）使用专用油泵注油。设定油泵压力在 0.3MPa 以下，注油速度在 8g/s 以下。

4）务必在注油前把注油侧的管内填充油脂，防止减速器内进入空气。

（1）J1 轴减速器油脂补充和更换步骤

1）油脂补充步骤，参考图 5-65 所示 J1 轴减速器局部结构。

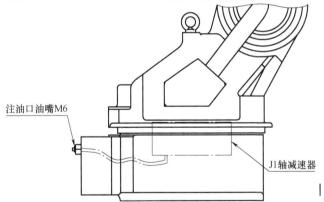

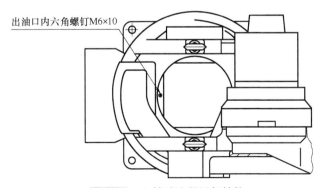

图 5-65　J1 轴减速器局部结构

倒挂时，注油口和排油口相反，按以下步骤补充油脂：取下排油口的螺塞，如果不取下螺塞，注油时油脂进入电动机，引起故障，请务必取下螺塞。不要在排油口安装连接件、管子等，否则会引起油封脱落，造成电动机故障。

用油枪从注油口注油：油脂种类为 Molywhite RE00；注入量为 65mL（第一次需要注入130mL）；油泵压力为 0.3MPa 以下；注油速度为 8g/s 以下。

安装排油口螺塞前，运动 J1 轴几分钟，使多余的油脂从排油口排出；用布擦净从排油口排出的多余油脂，在排油口安装螺塞。堵塞的螺纹处要缠生胶带并用扳手拧紧。

2）油脂更换步骤（参考图 5-65 所示 J1 轴减速器局部结构）。取下排油口的堵塞；用油枪从注油口注油：油脂种类为 Molywhite REOO；注入量为 650mL；油泵压力为 0.3MPa 以下；注油速度为 8g/s 以下。

从排油口完全排出旧油，开始排出新油时，说明油脂更换结束（旧油与新油可通过颜色判别）。

安装排油口堵塞前，运动 J1 轴几分钟，使多余的油脂从排油口排出；用布擦净从排油口排出的多余的油脂，在排油口安装螺塞。螺塞的螺纹处要缠生胶带并用扳手拧紧。

（2）J2 轴减速器油脂补充和更换步骤

1）油脂补充步骤（参考如图 5-66 所示 J2 轴减速器局部结构）。使 J2 臂处于垂直于地面的位置；取下排油口的螺塞；用油枪从注油口注油：油脂种类为 Molywhite REOO；注入量为 55mL（第一次需要注入 110mL）；油泵压力为 0.3MPa 以下；注油速度为 8g/s 以下。

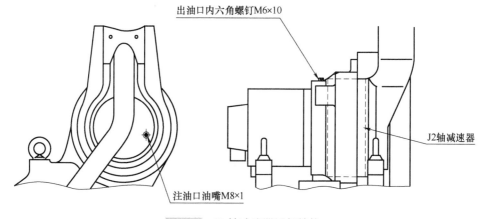

出油口内六角螺钉M6×10

J2轴减速器

注油口油嘴M8×1

图 5-66　J2 轴减速器局部结构

安装排油口堵塞前，运动 J2 轴几分钟，使多余的油脂从排油口排出；用布擦净从排油口排出的多余的油脂，在排油口安装螺塞。螺塞的螺纹处要缠生胶带并用扳手拧紧。

2）油脂更换步骤（参考如图 5-66 所示 J2 轴减速器局部结构）。使 J2 臂处于垂直于地面的位置；取下排油口的螺塞；用油枪从注油口注油：油脂种类为 Molywhite REOO；注入量为 630mL；油泵压力为 0.3MPa 以下；注油速度为 8g/s 以下。

从排油口完全排出旧油，开始排出新油时，说明油脂更换结束（旧油与新油可通过颜色判别）。

安装排油口堵塞前，运动 J2 轴几分钟，使多余的油脂从排油口排出；用布擦净从排油口排出的多余的油脂，在排油口安装螺塞。螺塞的螺纹处要缠生胶带并用扳手拧紧。

（3）J3 轴减速器油脂补充和更换步骤

1）油脂补充步骤（参考如图 5-67 所示 J3 轴减速器局部结构）。使机器人小臂处于与地面水平的位置；取下排油口的堵塞；用油枪从注油口注油：油脂种类为 Molywhite REOO；注入量为 30mL（第一次需要注入 60mL）；液压泵压力为 0.3MPa 以下；注油速度为 8g/s 以下。

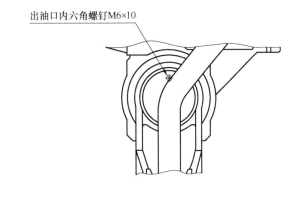

出油口内六角螺钉 M6×10

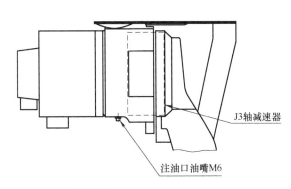

J3 轴减速器

注油口油嘴 M6

图 5-67　J3 轴减速器局部结构

安装排油口堵塞前，运动 J3 轴几分钟，使多余的油脂从排油口排出；用布擦净从排油口排出的多余的油脂，在排油口安装螺塞。螺塞的螺纹处要缠生胶带并用扳手拧紧。

2）油脂更换步骤（参考如图 5-67 所示 J3 轴减速器局部结构）：使机器人小臂处于与地面水平的位置；取下排油口的螺塞；用油枪从注油口注油：油脂种类为 Molywhite REOO；注入量为 470mL；油泵压力为 0.3MPa 以下；注油速度为 8g/s 以下。

从排油口完全排出旧油，开始排出新油时，说明油脂更换结束（旧油与新油可通过颜色判别）。

安装排油口堵塞前，运动 J3 轴几分钟，使多余的油脂从排油口排出；用布擦净从排油口排出的多余的油脂，在排油口安装螺塞。螺塞的螺纹处要缠生胶带并用扳手拧紧。

（4）J4 轴减速器油脂补充步骤　取下注油口的螺塞；在注油口安装 M6 油嘴；用油枪从注油口注油（参考如图 5-68 所示 J4 轴减速器局部结构）；取下油嘴，安装螺塞，螺塞的螺纹处要缠生胶带并用扳手拧紧。

油脂种类为 1 号锂基极压润滑脂；注入量为 20mL（第一次需要注入 40mL）；油泵压力为 0.3MPa 以下；注油速度为 8g/s 以下。

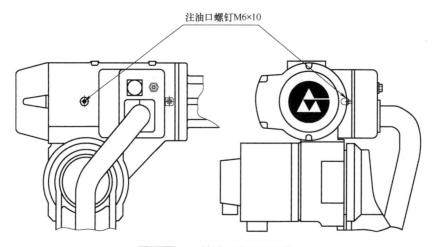

图 5-68　J4 轴减速器局部结构

（5）J5、J6 轴减速器油脂补充步骤　取下 J5、J6 轴排气口的螺塞；

注意： 为 J5 轴补充油脂时需取下小臂侧盖，并将 J5 轴带轮卸下

取下注油口的螺塞，在注油口上安装 M6 油嘴；用油枪从注油口分别为 J5、J6 轴注入润滑脂（参考如图 5-69 所示 J5、J6 轴减速器局部结构）。

油脂种类为 1 号锂基极压润滑脂；注入量，J5 轴为 15mL（第一次需要注入 30mL），J6 轴为 10mL（第一次需要注入 20mL）；油泵压力为 0.3MPa 以下；注油速度为 8g/s 以下。

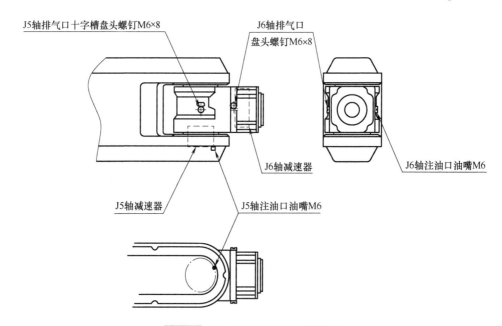

图 5-69　J5、J6 轴减速器局部结构

注意： 空气排气口不能排油，不要注入过量油脂。

取下注油口的油嘴，在注油口安装上螺塞，螺塞的螺纹处要缠生胶带并用扳手拧紧。

将 J5、J6 轴排气口的螺塞分别安装在 J5、J6 轴的空气排气口处，螺塞的螺纹处要缠生胶带并用扳手拧紧。

注意：注完油后，要安装 J5 轴带轮，并装上小臂侧盖。

（6）J6 轴齿轮油脂补充步骤　取下排气口的螺塞：用油枪从齿轮箱的注油口注油（参考如图 5-70 所示 J6 轴齿轮箱体局部结构）；油脂种类为 1 号锂基极压润滑脂；注入量为 10mL（第一次需要注入 20mL）；油泵压力为 0.3MPa 以下；注油速度为 8g/s 以下。

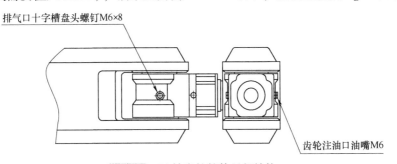

图 5-70　J6 轴齿轮箱体局部结构

将排气口的螺塞安装在空气排气口处，螺塞的螺纹处要缠生胶带并用扳手拧紧。

（7）J4 轴交叉轴承油脂补充步骤　取下排气口的螺塞；取下注油口的螺塞，在注油口安装 M6 油嘴；用油枪从注油口注油（参考如图 5-71 所示 J4 轴十字交叉轴承处的结构）：油脂种类为 00 号锂基极压润滑脂；注入量为 4mL（第一次需要注入 8mL）；液压泵压力为 0.3MPa 以下；注油速度为 8g/s 以下。

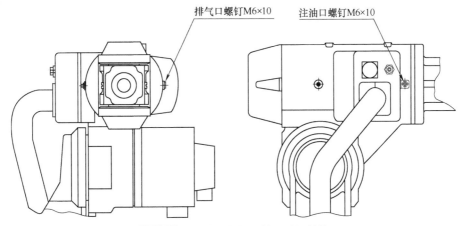

图 5-71　J4 轴十字交叉轴承处的结构

取下注油口的油嘴，在注油口安装上螺塞，螺塞的螺纹处要缠生胶带并用扳手拧紧；将排气口的螺塞安装在空气排气口处，螺塞的螺纹处要缠生胶带并用扳手拧紧。

（8）保养、检修注意事项　由于 J5、J6 轴电动机及编码器安装在手腕轴前端，为确保在作业时的安全，小臂两边侧盖的接合面已用密封胶密封，开盖后再安装时，务必重新涂密封胶密封，如图 5-72 所示。

（9）主轴抛光、打磨电动机的保养　加强对电动机的定期检查、保养能够延长电动机的使用寿命。主要为以下几个部位：

1）使用环境应经常保持干燥，定期对电动机进行清理。电动机表面应保持清洁，进风口不应受尘土、纤维等阻碍。

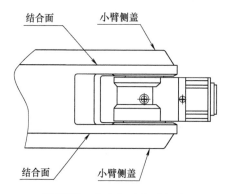

图 5-72　小臂侧盖密封部位

2）应保证电动机在运行过程中良好的润滑，及时补充或更换润滑脂。

3）铣刀也应进行定期更换。

（10）抛光、打磨平台的保养

1）给分舵盘定期加润滑油，清理表面灰尘。

2）抛光、打磨平台上气缸定期检查气密性和节流阀连接是否密封好。

（11）气缸保养维护　不建议对气缸进行维修，但是有时为了应急使用，建议对气缸漏气、不动作、动作缓慢或串气的现象进行简单的维修。

首先使用卡簧钳将气缸尾部的卡簧（螺钉）卸掉，将气缸活塞取出，活塞上面有一个橡胶圈，一般气缸不动作、动作缓慢或串气都是由于这个橡胶圈磨损过多造成的。将橡胶圈取下，然后再将新的橡胶圈装上，最后将气缸缸体清洗干净并确保两个进气口通畅，完成上述步骤后将缸体内壁擦少量的无杂质的润滑脂，再将气缸尾部的卡簧装好。这样修好以后一般可以延长该气缸一年到两年的寿命。

设备在于保养，不在于维修，平时保养得好，就不会有维修。注意以下几点：

1）爱护设备，经常保养擦拭，保持清洁。

2）不超负荷使用设备，不违规使用设备。

3）出现故障要耐心排除，不能使用蛮力、暴力。

4）精细部件要维护认真，不能使用钝器或尖锐物件敲击顶戳设备。

5）易损件准备齐全，图样更新速度快，都能大大缩短维修时限。

6）平时多观察设备运行状况，预防设备故障出现。

思考与练习

1. 机器人抛光、打磨工具有哪些优点？

2. 工具型与工件型抛光、打磨工业机器人的区别有哪些？

3. 抛光、打磨体积大、重量大的工件应该使用什么样的机器人？

4. 简述 MOVJ、MOVL 和 MOVC 命令的区别。

5. 工业机器人常规检查保养项目有哪些？

6. 六轴机器人如何保养？常规用润滑油有哪些？

第6章

Chapter

装配工业机器人工作站系统

装配工业机器人是为完成装配作业而设计的工业机器人，是工业机器人应用种类中适用范围较为广泛的产品之一。装配工业机器人工作站是指使用一台或多台装配机器人，配有控制系统、辅助装置及周边设备，进行装配生产作业，从而达到完成特定工作任务的生产单元。

根据装配任务的不同，装配工作站也不同。一个复杂机器系统的装配，可能需要一个或多个工作站共同工作，形成一个装配生产线，才能完成整个装配过程。比如，汽车装配，其零件数量及种类众多，装配过程非常复杂，每个工作站能完成规定的装配工作，由很多个工作站组成一条装配生产线完成一个项目的装配，由多个装配生产线共同作用，完成一个极为复杂的汽车装配任务。汽车装配生产线如图6-1所示。

图6-1　汽车装配生产线

与其他工业机器人比较，装配工业机器人除了具有精度高、柔性好、工作范围小、能与其他系统配套使用等特点外，其结构也与其他机器人有所不同。装配工业机器人广泛用于电器制造，以及汽车、计算机、玩具、机电产品的装配等方面。

装配工业机器人工作站每个环节的控制都只有具备高可靠性和一定的灵敏度，才能保证生产的连续性和稳定性。合理地规划装配线可以更好地保证产品的高精度、高效率、高柔性和高质量。装配线主要包括总装线、分装线、工位器具及线上工具等。在总装线和分装线上，采用柔性输送线输送工件，并在线上配置自动化装配设备以提高效率。

装配工业机器人工作站的运用对于工业生产的意义：

1）装配工业机器人工作站作业可以提高生产效率和产品质量。装配工业机器人在运转过程中不停顿、不休息，产品质量受人的因素影响较小，产品质量更稳定。

2）可以降低企业成本。在规模化生产中，一台机器人可以替代 2～4 名产业工人，一天可 24h 连续生产。

3）装配工业机器人工作站生产线如图 6-2 所示，容易安排生产计划。

4）装配工业机器人工作站可缩短产品改型换代的周期，降低相应的设备投资。

5）装配工业机器人工作站可以把工人从各种恶劣、危险的环境中解救出来，拓宽企业的业务范围。

图 6-2　不同形式的机器人装配生产线

6.1　装配工业机器人的分类与组成

装配工业机器人是柔性自动化装配工作现场中的主动部分，可以在规定的时间里搬送质量从几克到上百千克的工件。装配工业机器人有至少 2 个可编程序的运动轴，经常用来完成自动化装配工作。装配工业机器人也可以作为装配线的一部分介入节拍自动化装配。

1. 装配工业机器人的分类与组成

（1）装配工业机器人可以划分成几类，如图 6-3 所示。

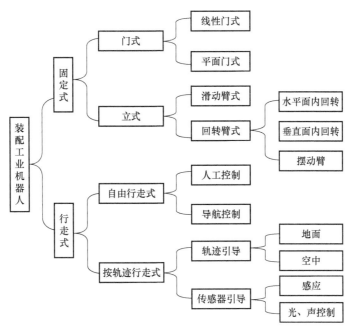

图 6-3 装配工业机器人示意图

根据运动学结构原理，装配工业机器人有各种不同的工作空间和坐标系统。以下特征参数是必须掌握的：

1）工作空间的大小和形状。

2）连接运动的方向。

3）连接力的大小。

4）能搬送多大质量的工件。

5）定位误差的大小。

6）运动速度（循环时间、节拍时间）。

（2）装配工业机器人的组成　装配工业机器人主要由手臂、手（手爪）、控制器、示教盒和传感器组成。

手臂是装配工业机器人的主机部分，由若干驱动机构和支持部分组成。为适应各种用途，手臂有不同组成方式和尺寸。手臂各关节部分根据装配任务需要，产生不同的自由度运动，自由度数越多，执行任务时越灵活，对完成装配的复杂性有好处。

驱动装置是带动臂部到达指定位置的动力源。动力一般直接或经电缆、齿轮箱或其他方法送至臂部。目前主要有液动、气动和电动三种驱动方式。电动又有直流电动机、步进电动机和交流电动机驱动等方式。关节型装配工业机器人几乎都采取电动机驱动方式。伺服电动机速度快，容易控制，现在已十分普及。只有部分廉价的机器人采用步进电动机。在实际应用中，使用何种驱动器，要根据任务情况灵活确定，以能完成装配任务要求为准则。

手爪安装在手部前端，担负抓握对象物的任务，相当于人手。事实上用一种手爪很难适应形状各异的工件。通常，按抓拿对象不同，需要设计特定的手爪。在一些机器人上配备各种可换手，可以增加通用性。手爪的驱动以压缩空气居多，使用压缩空气吸取装配对象是一种手爪形式，可以抓取平面类零件；使用空气驱动机械机构抓紧或松开，模拟人手抓取零件是另一种形式。电动机驱动也是手爪驱动的主要模式之一，可通过电磁吸引来抓取零件。

控制器的作用是记忆机器人的动作，对手臂和手爪实施控制。控制器的核心是微型计算机，它能完成动作程序、手臂位置的记忆、程序的执行、工作状态的诊断、与传感器的信息交流和状态显示等功能。

6.2 装配工业机器人的周边设备

机器人进行装配作业时，除前面提到的机器人主机、手爪、传感器外，零件供给装置和工件搬运装置也至关重要。从投资额和安装占地面积的角度看，它们往往比机器人主机所占的比例大。周边设备常由可编程序控制器控制，如台架、安全栏等。

（1）机械手 双指气动手价格便宜，因而经常使用。如图6-4所示，如果给手腕赋予柔顺性，便可以在一定程度上消除装配时零件相互的定位误差，对配合作业很有利。机械手的形式根据装配任务不同可能是不一样的，比如，抓取大面积的板类零件时，可能用到气动吸取或电磁吸引的方式；抓取特殊结构零件时可能需要特制对应的手来抓取。因此，手的外形、工作原理、结构样式等均随装配任务不同而变化，设计者需要根据具体情况做出相应处理。

（2）传感器 装配机器人经常使用的传感器有听觉、视觉、触觉、接近觉和力传感器等，图6-5所示是部分传感器。视觉传感器主要用于零件或工件位置补偿，零件的判别、确认等。触觉和接近传感器一般固定在指端，用来补偿零件或工件的位置误差，防止碰撞等。恰当地配置传感器能有效地降低机器人的价格，改善它的性能。力传感器一般装在腕部，用来检测腕部受力情况，一般在精密装配或去飞边一类需要力控制的作业中使用。

图6-4　机器人手

图6-5　机器人传感器

不同的传感器其应用场合不同，设计者需要根据具体装配任务环境来使用传感器。以能改善装配工作性能，提高装配效率，保证装配精度来灵活使用传感器。

（3）零件供给器 零件供给器是为机器人装配时不断提供需要用到的零件的装置，保证机器人能逐个正确地抓拿待装配零件，保证装配作业正常进行。零件供给器形式与种类众多，根据机器人装配的性质进行设计。图6-6所示是两种不同形式的零件供给器。最近机器人利用视觉和触觉传感技术，已经达到能够从散堆（适度的堆积）状态把零件一一分检出来的水平，部分技术已投入使用。可以预料，不久之后在零件的供给方式上可能会有显著的改观。

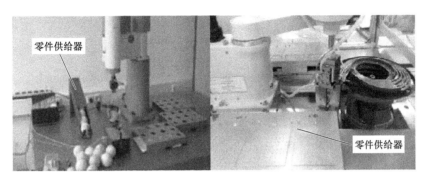

图 6-6　零件供给器

目前多采用下述几种零件供给器。

1）给料器。用振动或回转机构把零件排齐，并逐个送到指定位置。送料器以输送小零件为主。图 6-7 左图所示就是一种简单的给料器。

2）托盘。大零件或易磕碰划伤的零件加工完毕后一般应码放在称为"托盘"的容器中运输。托盘装置能按一定精度要求把零件送到给定位置，然后再由机器人一个一个取出。由于托盘容纳的零件有限，所以托盘装置往往带有托盘自动更换机构。图 6-7 右图所示就是一种可移动的零件托盘供给器，其上有多种不同的零件，机器人按一定顺序装配这些零件，装配完成后，托盘移开，再加入新的一套零件，可进行下一轮装配。

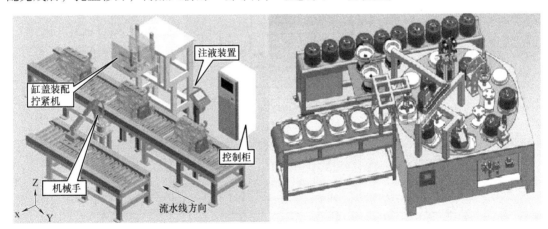

图 6-7　装配输送装置

3）其他。IC 零件通常排列在长形料盘内输送，对薄片状零件也有许多巧妙的办法，如码放若干层，机器人逐个取走装配等。

总之，零件供给器需要根据零件情况来进行设计，以适合对应机器的安装。

（4）输送装置　在机器人装配线上，输送装置承担把工件搬运到各作业地点的任务。输送装置中以传送带居多，其他形式如圆盘回转式也常用。输送装置也需要根据装配情况来进行灵活设计，不同装配要求就有不同的装配输送装置，如果装置的零件大、复杂，就可以用输送带形式；零件较小，工序不多时，可以用圆盘回转式。理论上说，零件随输送带一起移动，借助传感器的识别能力，机器人也能实现"动态"装配。原则上，作业时工件都处于静止，所以最常采用的输送带为游离式，这样，装载工件的托盘容易同步停止。输送装置的技术难点是停止时的定位精度、冲击和减振。用减震器可以吸收冲击能。

两种不同的装配输送装置如图6-7所示。

6.3 装配工业机器人的结构

装配工业机器人的结构与装配的种类和性质有关。当被装配的机器及零件可以通过输送带或转盘输送时，多采用机器人不移动，零件与被装配的机器或部件可以通过输送带移动的形式；当机器体积或质量特别大，或其他客观原因不能移动被装配的机器或部件时，可以采用被装配的机器或部件不动，而装配机器人可以移动的方式。

6.3.1 被装配机器可以输送的工业机器人结构

装配工业机器人由于需要符合装配要求，而装配又是需要多轴联动，即具有多自由度的要求，因此，装配机器人的结构随着装配要求的不同而不同，根据目前市场上常用装配工业机器人的结构形式，大体可分为几种典型的装配工业机器人结构，如图6-8所示。

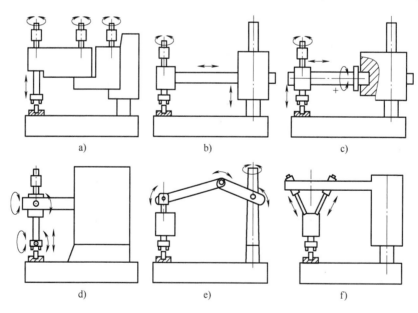

图6-8 装配机器人

图6-8a所示结构是 SCARA 机器人结构，具有运动精度高、结构简单和价格便宜等特点，因而被广泛使用。日本发那科（FANUC）公司是当今世界上数控系统科研、设计、制造及销售实力强大的企业之一。SCARA 机器人于1981年首次进入市场，1989年 FANUC 公司的 SCARA 机器人 A-600 型的运动速度达到 11m/s，定位精度可达 ±0.01mm。FANUC 装

配工业机器人如图 6-9 所示。

　　悬臂机器人如图 6-8b 所示。典型代表如意大利的 Pragma，其特点是可以通过控制悬臂上下及左右运动，同时能使手在主轴方向上回转。

　　十字龙门式装配工业机器人如图 6-8c 所示。典型代表如意大利的 Olivetti，其特点是具有多个回转及移动自由度，各执行臂可以直线动动，十字龙门式装配工业机器人如图 6-10 所示。

　　摆臂式机器人如图 6-8d 所示。典型代表如瑞典的 ASEA，其特点是有垂直或水平的摆动臂，摆臂机器人的臂是通过一个联轴器悬挂的，它的运动速度极快。摆臂式机器人如图 6-11 所示。

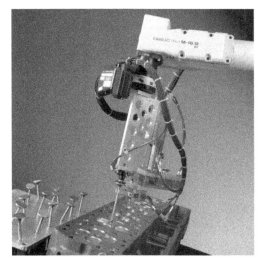

图 6-9　FANUC 装配工业机器人

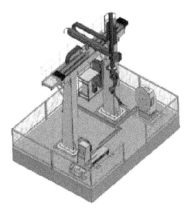

图 6-10　十字龙门式装配工业机器人

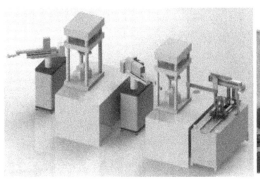
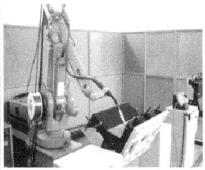

图 6-11　摆臂式机器人

垂直关节机器人如图 6-8e 所示。典型代表如美国的 Puma，其特点是具有多关节，能够实现 6 轴运动的垂直关节机器人是专为小零件的装配而开发的。随着机器人技术的发展，机器人应用越来越广泛，垂直关节机器人也在不断扩大应用范围。垂直关节机器人如图 6-12 所示。

图 6-12　垂直关节机器人

摆头机器人如图 6-8f 所示。典型代表如法国的 ARIA Delta，其特点是机器人头部可以摆动，摆头机器人通过丝杠的运动带动机械手运动。如果两边丝杠（螺母旋转）都以相同的速度向下运动，则机械手向下垂直运动；如果以不同的速度或方向运动，机械手则摆动。这种轻型结构只允许较小的载荷，如用于小产品的自动化包装等。同样由于运动部分的质量小，所以运动速度相当高。摆头机器人如图 6-13 所示。

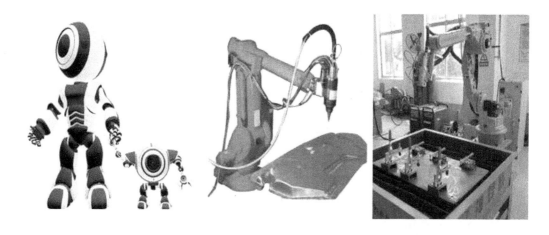

图 6-13　摆头机器人

6.3.2　被装配机器不可移动的装配工业机器人结构

大型部件或产品的装配在节拍式的装配线上是难以实现的，所以人们想到另外一种方案：让装配者和装配对象调换位置，被装配的部件或产品位置不动，装配工或装配机械围绕被装配的部件或产品运动。从这一设想出发开发出了行走工业机器人。行走式工业机器人又根据装配工作的要求不同，分为固定轨道式与自由移动式两种，自由移动式工业机器人如图 6-14a 所示，图 6-14b 所示为固定轨道移动式工业机器人。

a)　　　　　　　　　　　　　　b)

图 6-14　行走工业机器人

6.4　装配工业机器人的工作空间

大部分装配工业机器人的工作空间是圆柱形或球形的，因为在这样的空间容易实现运动速度、运动精度和运动灵活性的最佳化。

如果按概率来统计各机器人的运动空间，可以得到以下的结果：①直角形空间 18%；②圆柱形空间 38%；③球形空间 19%；④环行空间 25%；

形成什么样的工作空间取决于运动轴和它们之间的连接方式。如图 6-15 所示，X、Y、Z 是主坐标轴，U、V、W 是副坐标轴，P、Q、R 是附加坐标轴，A、B、C、D、E、F 是回转轴。

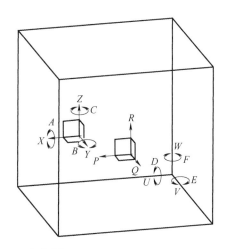

图 6-15　装配工业机器人运动空间

机器人的运动轴指的是不互相依赖的、可以独立控制的导向机构和执行机构的直线运动和回转运动。机器人的选择，首先是它的自由度的选择，主要考虑要实现哪些功能，需要哪些运动和哪些外部设备。在考虑到所有边界条件的同时还要求做到用较少的投资实现要求的功能。

图 6-16 给出一个例子。第一种类型如图 6-16a 所示，装配工业机器人承担了所有的运动，每轴都必须能够自由编程，不同轴通过上下、左右移动及沿不同轴线的回转，共同完成装配的取件、安装等工作，其工作空间由这些运动轴的极限位置限制；第二种类型如图 6-16b 所示，机器人只需实现定点抓取，工件托盘在 X-Y 平面实现受控运动，装配过程中，工件与机器人都相对运动，各有两个自由度。编程时要保证各运动轨迹能配合默契，最终完成装配工作任务。

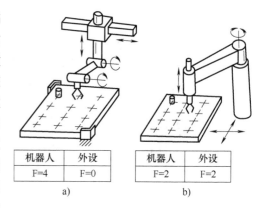

机器人	外设
F=4	F=0

a)

机器人	外设
F=2	F=2

b)

图 6-16　机器人和外设间自由度分配的多样性

6.5　装配工业机器人工作站实例

1. 发动机装配工作站设计要求

汽车发动机装配线是一个发动机顺序装配的流水线工艺过程，每个工位之间是流水线生产，因此，每个环节的控制都必须具备高可靠性和一定的灵敏度，才能保证生产的连续性和稳定性。合理地规划发动机装配线，可以更好地实现产品的高精度、高效率、高柔性和高质量。

汽车发动机装配线主要包括总装线、分装线、工位器具及线上工具等。在总装线和分装线上，采用柔性输送线输送工件，并在线上配置自动化装配设备，既可供应整条生产线，也能为单一人工或自动操作工序设计自动化改造方案，或提供以机器人为核心的装配、紧固、冲压和接合工作站。

发动机装配线设计要求包括：

1）发动机装配线要保证发动机的装配技术条件，实现高精度。

2）保证装配节拍，实现高效率。

3）多机型同时装配，实现高柔性。

4）有效地控制装配精度，实现高质量。

汽车发动机装配工作站如图 6-17 所示。

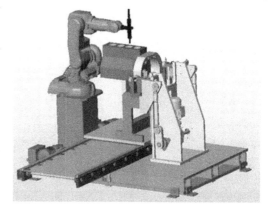

图 6-17　汽车发动机装配工作站

2. 装配工业机器人工作站的安装与调试

（1）装配工业机器人工作平台简介　建立及使用装配工业机器人工作平台，学会安装、调试装配工业机器人工作站，认识装配工业机器人工作平台的主要组成设备及其作用，安装设备及掌握常用调试方法。

装配工业机器人工作站整体布局如图 6-18 所示，主要组成包括机器人控制柜、示教器、底座、机器人本体、末端执行器、物料盘、转盘、分度盘、定位气缸和装配台等。该工作站采用广州数控 RB08 工业机器人。

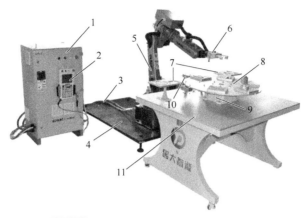

图 6-18　装配工业机器人工作站整体布局

1—机器人控制柜　2—手持示教盒　3—机器人动力线缆　4—底座　5—机器人本体
6—末端执行器　7—物料盘　8—转盘　9—分度盘　10—定位气缸　11—装配台

（2）安装要求　机器人工作范围不能受到干涉，机器人控制柜安装位置方便操作，物品摆放不能对机器人和打磨平台工作有干涉，打磨平台固定牢靠、稳定。

线路连接要求：连接线接头的连接需牢固，安全接地，气管接头密封工作到位。

（3）接线图　机器人控制电柜 I/O 接线如图 6-19 所示。

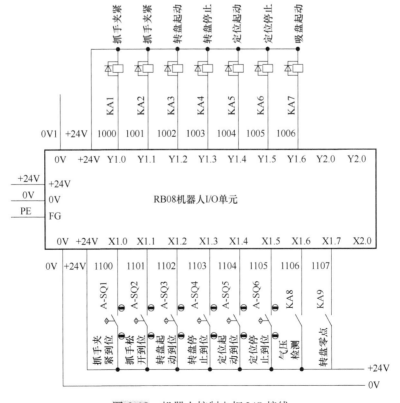

图 6-19　机器人控制电柜 I/O 接线

131

（4）装配平台的安装与调试

1）装配平台的安装。对好螺钉口，组装平台支架，如图 6-20 所示。

装上平面板，锁紧螺钉，如图 6-21 所示。

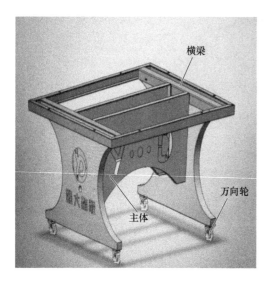

图 6-20　组装平台支架

图 6-21　装平面板

安装分度盘，固定在平台上，如图 6-22 所示。

在分度盘上安装转盘，用螺钉锁牢，如图 6-23 所示。

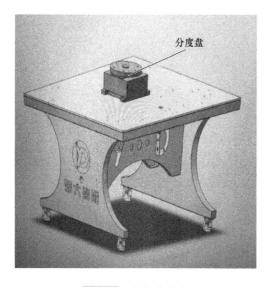

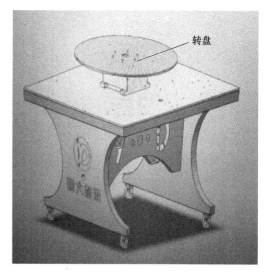

图 6-22　安装分度盘

图 6-23　安装转盘

固定物料盘和定位气缸，如图 6-24 所示。

装配平台 I/O 控制图如图 6-25 所示。

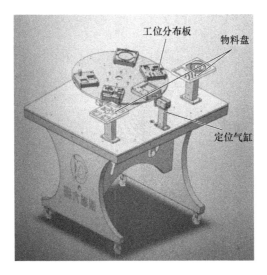

图 6-24　固定物料盘和定位气缸

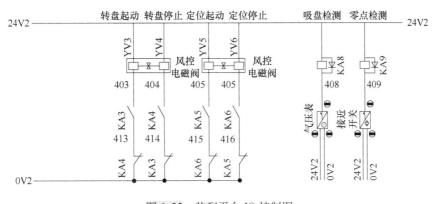

图 6-25　装配平台 IO 控制图

2）装配平台的调试。注意：装配平台对接上气管，信号控制线与平台小电箱下端航空接头对接，保证气管接头不漏气。

定位气缸：设置 DOT12 为"OFF"，DOT13 设置为"ON"，定位气缸缩回原位，可监控 IN13 为"ON"，DOT13 为"OFF"，DOT12 设置为"ON"，定位气缸伸出动作，可监控 IN12 为"ON"。

分度盘转动的调试：将 DOUT11 设置为"OFF"，DOUT10 设置为"ON"，可监控到磁感应开关信号 IN10 为"ON"；再将 DOUT10 设置为"OFF"，DOUT11 设置为"ON"，监控到磁感应开关信号 IN11 为"ON"。分度盘实现转动。

设置信号，步骤如下：

① 开机后界面如图 6-26 所示，光标在主界面。

② 按手持示教盒上的"TAB"按钮可实现快捷菜单区、主菜单区和程序区切换。在开机界面按"TAB"键，光标跳到"系统设置"，按"选择"键展开子菜单，选择"模式切换"，进入切换到编辑模式。退出，将光标调到主菜单区"输入输出"，如图 6-27 所示。

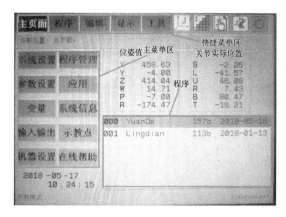

图 6-26　主页面

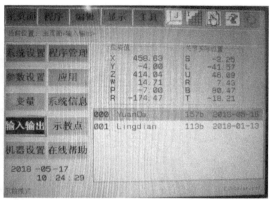

图 6-27　输入输出

③ 按"选择"出现信号分类列表，如图 6-28 所示，选择数字 I/O，按下"选择"键。

④ 进入 OUT 输出信号列表，切换到编辑模式下光标在状态的列表，如图 6-29 所示，操作"选择"进行信号 ON/OFF 设置。

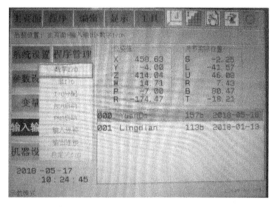

图 6-28　信号分类列表图

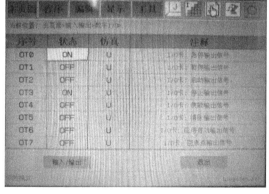

图 6-29　信号 ON/OFF 设置

⑤ 如图 6-30 所示，在界面按"TAB"将光标移动到"输入/输出"，按"选择"键切换到 IN 输入信号列表，实时监控对应输入信号。

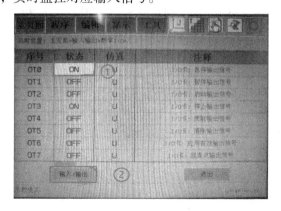

图 6-30　切换到 IN 输入信号列表

（5）末端执行器的安装与调试

1）末端执行器的安装。固定到六轴法轮盘，如图6-31所示。

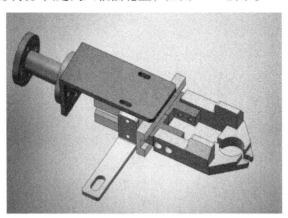

图6-31　固定到六轴法轮盘

夹具控制接线如图6-32所示。

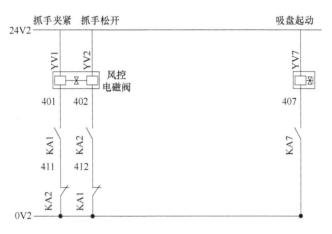

图6-32　夹具控制接线

2）末端执行器的调试。设置DOUT8为"OFF"，DOUT9为"ON"，夹具张开，可监控IN9为"ON"；设置DOUT9为"OFF"，DOUT9为"ON"，夹具夹紧，可监控IN8为"ON"；设置DOUT15为"ON"，真空打开，可通过监控IN14检测是否吸到位，DOUT15设置为"OFF"，关闭真空。

注意： 设置过程中平台组件不工作，首先检查是否有气，再检查接线是否松动。

操作实例1： 装配平台转动程序说明。

建立程序前首先了解装配工作站分度盘如何实现控制。

分度盘转动前需要复位脉冲，常使用1S复位脉冲。工作站中使用OT11为转动起动信号，OT10为复位起动信号。发送复位脉冲完毕再给起动信号即可实现分度盘起动。

常用发脉冲指令有两种方式：

① PULSE OT10，T1；

表示给OT10发生1s脉冲信号。

② DOUT OT10，OFF；

DOUT OT10，ON；

DELAY T1；

DOUT OT10，OFF；

也可实现给 OT10 发送 1s 脉冲信号。

方式 1：

MAIN；

DOUT OT11，OFF；	//分度盘转动关闭
PULSE OT10，T1；	//发送 1s 分度盘复位脉冲
WAIT IN10，ON，T0；	//等待分度盘复位完成信号
DOUT OT11，ON；	//分度盘转动起动
DELAY T1；	//延时 1s
WAIT IN11，ON，T0；	//等待分度盘转动到位信号
END；	

方式 2：

MAIN；

DOUT OT11，OFF；	//分度盘转动关闭
DOUT OT10，ON；	//分度盘复位起动
DELAY T1；	//延时 1s
WAIT IN10，ON，T0；	//等待分度盘复位完成信号
DOUT OT10，OFF；	//分度盘复位关闭
DOUT OT11，ON；	//分度盘转动起动
DELAY T1；	//延时 1s
WAIT IN11，ON，T0；	//等待分度盘转动到位信号
END；	

注意：装配平台转盘转动必须先使定位气缸处于复位缩回状态。

操作实例 2：运用跳转指令进行回零操作。

通过判断 IN15 为"ON"检测转盘是否在原点位置，若不在原点位置再次转动，直至检测到原点。

MAIN；	//转盘回原点子程序声明
DOUT OT13，ON；	//定位气缸复位缩回
DOUT OT12，OFF；	
WAIT IN13，ON，T0；	//等待复位到位信号
JUMP LAB0，IF IN15 = OFF；	//原点检测没有到位，跳转 LAB0
JUMP LAB1，IF IN15 = ON；	//原点检测到位，跳转 LAB1
LAB0：	//标签 0
DOUT OT10，ON；	//分度盘复位起动
DOUT OT11，OFF；	//分度盘转动关闭
DELAY T1；	//延时 1s

```
WAIT IN10，ON，T0；              //等待复位到位信号
DOUT OT11，ON；                 //分度盘转动起动
DOUT OT10，OFF；                //分度盘复位关闭
DELAY T1；                      //延时 1 s
WAIT IN11，ON，T0；              //等待转动完成信号
DOUT OT11，OFF；
DELAY T0.5；
JUMP LAB0，IF IN15 = OFF；       //原点检测没有到位，跳转 LAB0
JUMP LAB1，IF IN15 = ON；        //原点检测到位，跳转 LAB1
LAB1：
DOUT OT12，ON；                 //定位气缸伸出动作
DOUT OT13，OFF；
WAIT IN12，ON，T0；              //等待伸出到位信号
DOUT OT12，OFF；
END；
```

思考与练习

1. 装配工业机器人有什么特点?
2. 什么是装配工作站? 其作用是什么?
3. 装配工业机器人工作站的周边设备有哪些?
4. 举例说明装配工业机器人的结构形式。
5. 简述装配工业机器人工作平台安装及调试要求。
6. 简述末端执行器调试要点。
7. 分析装配平台转动程序，说明要点。
8. 分析运用跳转指令进行回零操作程序，说明要点。

第 **7** 章

Chapter

包装工业机器人
工作站系统

近年来我国包装行业发展迅速，相关的包装机械设备和技术也得到了越来越快的发展。随着包装机械日趋自动化，而机器人作为自动化技术最具竞争力的技术，适合重复性、快速性、准确性和危险性的工作。利用机器人自动化生产线不仅能够大大增强企业竞争力，也给用户带来了显著效益。随着企业自动化水平的不断提高，机器人自动化生产线的市场越来越大，逐渐成为自动化生产线的主要形式。食品、化工、医药、粮食、饲料、建材和物流等行业已经大量使用包装工业机器人自动化生产线，以保证产品质量，提高生产效率，同时避免了大量的工伤事故。另外，生产厂商希望寻求更低的生产成本。包装工业机器人被越来越多的企业所知悉，机器人将替代许多传统的设备，成为包装领域的重要助手。

全球诸多国家近半个世纪的包装工业机器人的使用实践表明，包装工业机器人的普及是实现自动化生产，提高社会生产效率，推动企业和社会生产力发展的有效手段。机器人技术是具有前瞻性、战略性的高技术领域。包装工业机器人自动化生产线成套设备已成为自动化装备的主流，我国包装工业机器人普及是迟早的事情。

包装工业机器人技术先进、精密和智能，实现了增加产量、提高质量、降低成本、减少资源消耗和环境污染，是包装机械自动化水平的高度体现。包装工业机器人技术是全面延伸人的体力和智力的新一代生产工具，是实现生产数字化、自动化、网络化以及智能化的重要手段。包装工业机器人近年来增长迅速，从 9.5% 增加到了 17.4%，使用量在过去 5 年几乎翻了一番，由此可见包装工业机器人在工业中的发展前景可观。

包装工业机器人的优点：

1）适用性强。当企业生产产品的尺寸、体积、形状及托盘的外形尺寸发生变化时，只需在触摸屏上稍做修改即可，不会影响企业的正常生产。而传统机械式码垛机的更改相当麻烦，甚至是无法实现的。

2）高可靠性。包装工业机器人重复操作能够始终维持同一状态，不会出现类似人的主观性干扰，因此其操作的可靠性比较高。

3）自动化程度高。包装工业机器人的操作依靠程序控制，无须人工参与，自动化程度高，节省了大量的劳动力。

4）准确性好。包装工业机器人的操作控制精确，其位置误差基本处于毫米级以下，准确性非常好。

5）能耗低。通常机械式码垛机的功率在 26kW 左右，而包装工业机器人的功率为 5kW 左右，大大降低了客户的运行成本。

6）应用范围广。包装工业机器人的用途非常广泛，可以完成抓取、搬运、装卸和堆垛等多项作业。

7）高效率性。包装工业机器人的工作速度比较快，而且没有时间间断，因此工作效率较高。

8）占地面积少。包装工业机器人可以设置在狭窄的空间，即可有效地使用，有利于客户厂房中生产线的布置，并可留出较大的库房面积。

 7.1 包装工业机器人工作站系统结构组成

包装工业机器人工作站系统以装箱机器人、码垛机器人为系统核心，控制柜、安全防护系统、托盘库、输送轨道、平移机械手和缠绕包装机等设备相结合，具有高的生产效率和智能控制。其三维布局图如图 7-1 所示。

该包装工业机器人工作站系统包括如下机构或设备。

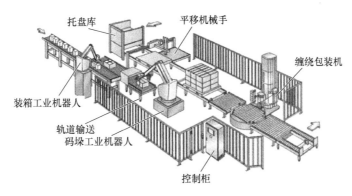

图 7-1　包装工业机器人工作站系统三维布局图

1. 装箱工业机器人

装箱工业机器人对包装件进行抓取或吸附，然后送到指定位置的包装箱或托盘中。该机器人方向性和位置自动调节的功能强，能够实现无箱不卸货和方向的调节。装箱工业机器人如图 7-2 所示。

2. 码垛工业机器人

码垛工业机器人是机械与计算机程序有机结合的产物，为现代生产提供了更高的生产效率。码垛工业机器人要求能准确地对产品进行抓取和堆码，要求稳定性和平衡性较高。码垛工业机器人和抓取机构如图 7-3 所示。

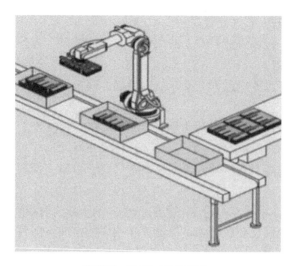

图7-2 装箱工业机器人

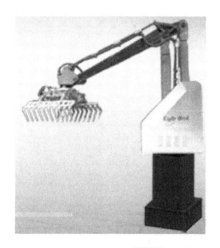

图7-3 码垛工业机器人和抓取机构

3. 缠绕包装机

缠绕包装机主要完成箱子的缠绕紧固任务，广泛应用于玻璃制品、五金工具、电子电器、造纸、陶瓷、化工、食品、饮料和建材等行业，能够有效提高物流包装效率，减少运输过程中的损耗，具有防尘等功能。如图7-4所示是自动预拉伸缠绕机使用于大宗货物的集装箱运输及散件托盘的包装。

4. 平移机械手

平移机械手主要由手抓、手臂、机身、基座、升降台和丝杠等组成，具备平移、搬运等多种功能。根据设计所需，如升降台上下移动、机身旋转、臂的伸缩等3自由度动作，需要3个电动机的驱动。利用电动机带动减速器。电动机驱动控制精度高，反应灵敏，可实现高速、高精度的连续轨迹控制。平移机械手如图7-5所示。

实践证明，工业机械手可以代替人手的繁重劳动，显著减轻工人的劳动强度，改善劳动条件，提高劳动生产率和自动化水平。机械手在推动工业生产的进一步发展中所起的作用越来越重要，而且在地质勘测、深海探索和太空侦测等方面显示其优越性，有着广阔的发展前途。

图7-4　缠绕包装机　　　　　　　　　　图7-5　平移机械手

5. 安全防护系统

安全防护系统是为了降低包装过程中对身体和周边环境的伤害，提高作业安全系数。安全防护系统可与机器人通信，完全以自动模式开闭，保护工作人员与机器所发出有害物质隔离。

安全防护系统一般由以下部分组成：

（1）门体结构　采用高强度抗氧化工业铝合金导轨，门头罩及电动机罩采用2mm冷钢板，表面经高温粉末喷涂处理。

（2）驱动装置　高速变频制动电动机效率更高，频率设定在最低点6Hz即可达到输出额定转矩；大孔径输出轴直径为35mm，适合超宽门自重过大，增加运转过程中滚筒承受力。

（3）电控系统　采用变频控制元件编程升级控制功能，具有高性能、高可靠性、高稳定性及高精准定位等特点；同时运用变频控制技术，有软启动，缓停止功能，保证门体运转平稳，增加使用寿命，可与机器人通信。以航空插头连接，安装方便，调试简单易懂。

（4）限位控制　采用旋转式编码器，整体调试无须登高攀梯，在地面即可完成整体防护门上下到位动作定位。

（5）安全装置

1）门帘底端装有安全气囊，门在下降过程中与物体轻微的碰撞会使门体停止并反向上升。

2）门框下部可选配安装红外线光电保护开关一对，门体下面停留人与物体挡住光电时，门体不下落。

7.2　包装工业机器人的功能与分类

7.2.1　包装工业机器人的功能

包装工业机器人主要用于体积大而笨重物件的搬运、装卸和堆码等，人体不能接触的洁净产品的包装，如食品、药品，特别是生物制品和微生物制剂，对人体有害的化工原料的包装。随着机器人技术的成熟和产业化的实现，包装工程领域中应用机器人的范围越来越广。主要有：

1）集合包装件装箱：一次将多个包装件进行一次装箱。

2）粉料大袋的袋装：一次性将粉料装入特定软袋中，同时完成特定位置的堆码，例如水泥及化工产品粉剂的集装袋包装。

3）高速装盒装箱折边封合多工位包装：一些大型纸箱和托盘的多工位快速包装，如将纸箱装填完货物后的折边、压边及封合等。

4）重物的搬运捆扎：靠人搬运难以实现的重型产品的包装、搬运和捆扎，如金属铸件的堆码、捆扎及裹包，尤其是贵重有色金属中的铝锭、铜锭和锌锭等，还有大型冷库中的冻肉及制品的搬运与堆码等。

5）易脆物品的包装：一次性将成组的瓶装产品进行装箱，如瓶装啤酒、瓶装汽水饮料等物品的装填包装等，如图7-6所示。

图7-6　包装罐装汽水饮料

6）有害液体的包装：化学和农药等对人体有害液体的灌装。

7）识别和检测：对一些包装产品和包装货物在不同条件下，不同部位的自动识别和多种信息检测，同时还具有分级和分类的功能。

7.2.2　包装工业机器人的分类

机器人技术在包装工程领域应用有很长的历史。在美国、日本及德国等国家，许多包装工序是用机器人来完成的。每年一度的国际包装机器展览会上，都会推出新的包装工业机器人。包装工业机器人作业有很多方面，其中最为成熟的是堆码、装箱和灌装工业机器人。配以多功能手爪可以适用于组合工作：抓瓶式、夹钳式、抓纸箱的真空吸盘式、装瓶和码垛一体式手爪等。根据实际生产过程的需求，机器人可以更换安装不同的手爪，满足柔性生产的需要。机器人还可以配合激光视觉检测系统，识别工件种类，帮助机器人定位。

包装工业机器人分类如下：

1. 装袋工业机器人

装袋工业机器人是代替装袋的工人进行工作的机器人，是一种智能化较高的包装工业机器人。MF2012SD 机器人上袋装置如图 7-7 所示。

（1）技术指标

1）包装物料：化肥、乙烯和碱等物料。

2）额定称量：25.000~50.000kg/包，连续可调。

3）称量显示分辨率：0.001kg。

4）累计误差：趋于零。

5）定量包装精度：≤±50g，占95%以上。

6）称量精度：±0.01%。

7）上袋速度：18~20包/min。

8）上袋成功率：≥99%。

（2）主要部件介绍

1）机械手。磁林发明的机械手，包括多级嵌套式防旋转气缸技术、弹簧气缸技术、气关节技术和包装专用吸头技术等，依次连续完成吸取袋、张袋口和套袋的功能，具有前所未有的先进性、实用性和可靠性。

全新的技术路线，颠覆性的技术创新，使得包装速度更高、设备维护量更小、环境适应能力更强。

2）整袋机构。整袋机构由架体、取袋机构和整袋机构组成，可实现不同规格袋子的逐一整理工作，为后续机械手上袋做好准备。

3）控制器。控制器主要由主板、触摸屏构成，实现机器人的智能自动控制、故障监测和部件运行状态等功能。各个信号的状态在触摸屏上指示，警告和故障提示代码以图文并茂的形式体现，使用户的操作与维护变得轻松简单。

4）推包机。该产品为全自动定量包装配套，不影响机械手抓袋与套袋时间，且能将包装袋平稳、高速地送入折边机中，如图 7-8 所示。

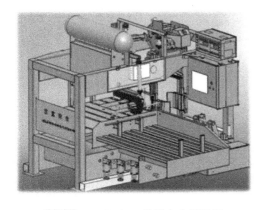

图7-7 MF2012SD 机器人上袋装置

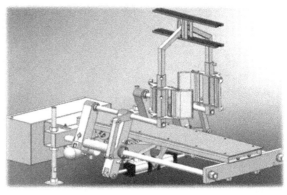

图7-8 推包机

（3）MF2012SD 机器人上袋装置主要技术创新 磁林公司独创的 MF2012SD 机器人自动

上袋装置，有效解决了目前包装行业存在的问题，实现的技术创新有：①不覆膜的软包装袋也能自动上袋；②腐蚀性粉尘环境的实用化；③系统大幅度简化。

2. 装箱工业机器人

与装袋工业机器人类似，装箱工业机器人对包装件进行抓取或吸附，然后送入指定位置上的包装箱或托盘中。它具有方向性和位置自动调节的功能，可实现无箱（托盘）不卸货和方向调节。这类机器人是一种较为成熟的机器人，应用很广，如饮料、啤酒、化妆品和香烟等的装箱。罐装食品的装箱工业机器人如图7-9所示。

装箱工业机器人应用范围广，占地面积小，性能可靠，操作简便，机身小巧，能集成于紧凑型包装机械中，满足在到达距离和有效载荷方面的所有要求。配以运动控制和跟踪性能，机器人非常适合应用于柔性包装系统，大大缩短了包装周期时间。装箱工业机器人具有极高的精度和卓越的输送带跟踪性能，在固定位置和运动中操作，拾放精度均为一流；体积小、速度快，专门根据包装应用进行过优化；配有全套辅助设备（从集成式空气与信号系统至抓料器），可配套使用包装软件，机械方面集成简单，编程方便；采用先进的4轴、6轴设计，最高具有3.15m到达距离和250kg有效载荷的高速机器人，适于恶劣环境应用，防护等级达到IP 67；机器人的通用性、到达距离以及承重能力几乎可满足任何装箱应用需求。

更换抓手夹具就能适用于化工、医药、制盐、食品、糖酒和饮料等行业的各种产品的全自动装箱。

3. 堆码工业机器人

堆码工业机器人是一种功率较大的机器人，能够准确地对产品进行抓取和堆码，稳定性和平衡性较高。图7-10所示为化肥的堆码工业机器人在进行抓取和堆码工作。

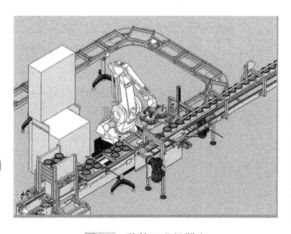

图7-9 装箱工业机器人

图7-10 堆码工业机器人

堆码工业机器人是一种专业化、集成化的工业设备，机器人将包装袋按照预定的编组方式，逐个逐层码放在托盘或箱体内，通常作为包装线的后续设备，能提高生产能力和转运能力。

堆码工业机器人的特点：①结构简单，专业化程度高；②故障率低，性能可靠；③保养维修简单，所需库存零部件少；④占地面积小，节省空间；⑤操作简单，适用性强；⑥编组方式灵活。

4. 罐装工业机器人

罐装工业机器人是一种将包装容器充满液体物料后，进行计量、输盖、压盖（旋盖）和识别的机器人。它具有无瓶不输料、无盖不输瓶、破瓶报警和自动剔除等功能。图 7-11 所示是罐装工业机器人在进行旋盖工作。

5. 包装输送工业机器人

包装输送工业机器人在包装工业中主要是包装输送用的机器人，广泛应用于化工、水泥、饲料和食品等行业的粉料/粒料产品的自动包装、输送和码垛，可大大提高生产效率并降低用工成本，亦可通过计算机远程控制，避免产品气味、粉尘对环境及健康的影响，实现了清洁环保的自动化生产，目前可实现 600～1200 包/h，也可据用户需求定制，如双包抓取等，如图 7-12 所示。

图 7-11　罐装工业机器人正在旋盖

图 7-12　包装输送工业机器人

6. 识别检测工业机器人

识别检测工业机器人是一种智能化系统，分别有包装成品的识别检测和产品（如水果等）分级识别检测。识别检测工业机器人使用了许多先进技术，主要是识别与检测技术。图 7-13 所示是识别检测工业机器人在进行检测工作。

维视图像面向全国高校市场，与西安交通大学合作推出了"工业 4.0 智能工厂实验室"，该平台采用多模块组合配置，可满足高校教学中多样化的实验需求。如今，机器人自动装配已被行业认知并广泛应用于制造业，完成生产线上自动拾料、插入的装配作业。看似简单的功能实现，融合了维视图像多年来在工业检测应用项目上的技术与经验积累。机器人自动装配系统由总控模块、供料模块、传送模块、加工模块、操作手模块、缓冲模块、机械手模块、组装模块和分拣模块组成。

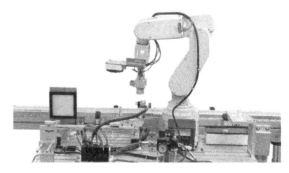

图 7-13　识别检测机器人在进行检测工作

工业 4.0 智能工厂实验室中，工业机器人将杂乱无章的待检部件按便于机器自动处理的空间方位自动定向排列，随后顺利输送到后续的检测机构。装有 RFID 读写装置的机器人，在进行夹取、装配等过程前先对物料状态进行识别，再自行判断下一步动作，可以做到真正的智能化。控制系统通常采用 PLC 控制，PLC 要接收各种信号的输入，向各执行机构发出指令。各模块配备多种传感器等信号采集器来监视机器中每一执行机构的运行情况，经判断后发出下一步的执行指令。

对于高校实验室设备的设计出发点，维视图像机器人自动装配的三大系统开放：控制系统开放、机器视觉系统开放和机器人系统开放，既符合工业自动化生产实际又能满足高校自动化控制和机器人等专业创新、实验、实训教学等个性化的实验需求。

7.3 包装工业机器人的应用案例

7.3.1 包装工业机器人在睫毛刷生产线上的应用

Geka Brush 公司是全球化妆品包装的领先企业之一，专业从事液体彩妆产品的包装。该公司与定制化生产线供应商 Kühne + Vogel 公司开展了多年合作，由后者提供的装配线达 8 条之多。在最近投产的 3 条生产线中，有一条采用 ABB 机器人承担睫毛刷的成品包装任务。

在 Kühne + Vogel 生产线上，睫毛刷按如下流程装配：先将螺纹顶盖压入装饰套，再将刷头焊上刷杆；接着，带刷头的成品从线尾输出，落在输送带上，由一名操作工分拣，摆放在盒内。在一条生产线上，上述最后一步操作交给机器人负责。机器人拾起睫毛刷成品，摆放在架子上。架子摆满后，机器人再进行装盒。每当一层铺满，机器人会通知专用机械铺一块聚苯乙烯片。盒子装满时，机器人通知另一种专用机械取走盒子，换上空盒，如图 7-14 所示。

图 7-14 睫毛刷生产用包装机器人

在这种工作状态下，人工作业，一班 8h 生产 23000 件，而采用机器人至少能达到 30000 件，大大提高了生产效率。

7.3.2 工业机器人在食品包装的应用

Normmejerier 是一家位于瑞典北部小镇比特莱斯克的乳品厂，在这里西博滕奶酪会被重新包装并销往世界各地。由于市场需求增大，2016 年 Normmejerier 引入了自动化线来应对每周约 200t 的奶酪包装作业。其包装线由 14 台 5 种不同型号的 FANUC 机器人组成。机器人充分发挥各自特点完成拆垛、去包装、整列、装箱及码垛一系列工作，成功将整线产量提升了 40%。

首先装满奶酪的货架被运送到指定区域，1 台 R-2000iC/210F 机器人负责将奶酪搬运到输送带上。R-2000iC 含有 6 个运动轴，适用于动作略复杂的码垛搬运作业，搭配特制手抓，机器人可一次搬运 3 块重约 54kg 的奶酪，如图 7-15 所示。

由于奶酪带有包装膜，所以在重新包装前需要将包装膜去除。这一部分的工作由 2 台 LR Mate 200iD/7C 洁净工业机器人完成，如图 7-16 所示。

图 7-15　包装食品用包装工业机器人　　　　图 7-16　洁净工业机器人

具有 IP69K 防护等级的 LR Mate 200iD/7C，其白色外壳经过特殊的防锈处理并使用了食品生产专用的润滑油。直接接触食品的工作站使用洁净机器人可以保证对食品的零污染。

整块奶酪在切块及重新包装后被重新传到输送带上，2 台 LR Mate 200iD/7L 机器人抓取输送带上运动中的切块奶酪，并按 4 块的形式排成长方形以待装箱。LR Mate 系列适用于稍大产品的拾取，其作业范围与人手臂可操作范围相近，可安置在紧凑的作业环境中使用，如图 7-17 所示。

在 LR Mate 工业机器人的对面，1 台 M-710iC/50 工业机器人将排列好的奶酪装箱到纸箱或板条箱中，如图 7-18 所示。M-710iC 系列工业机器人适用于中小型产品的码垛搬运作业，其中的 5 轴规格特别适用于产品的装箱作业。

图 7-17　LR Mate 200iD/7L 工业机器人　　　　图 7-18　M-710iC/50 工业机器人

除切块奶酪外，散装奶酪则会由 1 台 M-2iA/3S 洁净工业机器人自动进行装箱，如图 7-19 所示。M-2iA/3S 搭载了 FANUC iRPickPro 视觉跟踪功能软件包，可对输送带上的物品实现高效视觉跟踪。除了直线输送带外，最新版的 iRPickPro 还能实现对圆弧输送带上物品的视觉追踪。

最后，装满奶酪的箱子被传送到码垛区，由多台 R-2000iC/210F 工业机器人来完成成品的码垛，如图 7-20 所示。

图 7-19　M-2iA/3S 洁净工业机器人　　　　图 7-20　R-2000iC/210F 工业机器人

自动化线很成功，目前两班的产量比过去三班的产量还要高。机器人的使用有效地改善了生产环境。

7.3.3　包装工业机器人在月饼包装线上的应用

图 7-21 所示机器人月饼包装线是由利群自动化设计生产的，占地约为 $12m \times 10m \times 2m$，以机器人柔性为设计基点，极大地缩减了工程占地。包装线包含了整个月饼后包装工艺，拆分为五大工段，17 个工艺段，由六轴机器人、Apollo 机器人、Artemis 机器人及定制化配套机械组成。

前端由上月饼盒开始，一台码垛工业机器人一次性将多组月饼盒直接上料至生产线，另一端则由两台 Apollo 机器人对大量的来料月饼进行高速分拣，并将所有包装的方向调整至一致位置，两处产线汇至装盒处，由 3 台 Artemis 机器人进行月饼的装盒、上刀叉，随后使用定制的月饼检测系统进行各项包装指标检测，剔除不良品后进行多盒月饼的装箱，最终由一台码垛工业机器人将包装完毕的月饼码垛，完成出料。

在整个生产线的运行中，两台其他的品牌串联机器人、两台 Apollo 工业机器人和六台 Artemis 工业机器人，实现了双 Apollo 工业机器人协同，Apollo 工业机器人与 Artemis 工业机器人协同，以及跨品牌全部机器人的生产协同。保证设备兼容性的同时，最终确保了生产线的柔性化生产，并打通了整线数据信息与整厂信息管理系统互联。

通过图像传感器采集月饼的特征信息，传达给机器人，识别准确率达 99.9%。遇到月饼品质的更迭，也只需简单调整视觉系统即可，使得机器人由此变得柔性与智能。也正是机器人视觉的使用，保证了月饼包装的一致性，实现了品质与产能的兼得，如图 7-22 所示。

图 7-21　机器人月饼包装线　　　　　　图 7-22　机器人视觉

　　以前在包装领域，装箱只能由人工一个一个往里放或者由机械一个一个往里装箱，使之成为整个包装线的产能瓶颈。为了使机器人在包装行业的应用更加智能高效，发明创新了拥有多项专利技术的包装机构，使得4层共16盒月饼一次性实现整体自动化装箱，与传统自动化装箱工艺相比，产能提升约4倍。

思考与练习

1. 简述包装工业机器人的概念。
2. 包装工业机器人的优点有哪些?
3. 简述包装工业机器人的分类。
4. 综述包装工业机器人在各个行业的应用现状。
5. 设计一条包装工业机器人生产线，画出系统框架图。
6. 简述机器人视觉在包装工业机器人工作站中的应用。

第**8**章

Chapter

柔性加工工业机器人
工作站系统

8.1 柔性加工概述

1. 柔性加工基本概念

一方面是系统适应外部环境变化的能力，可用系统满足新产品要求的程度来衡量；另一方面是系统适应内部变化的能力，可用在有干扰（如机器出现故障）情况下，系统的生产率与无干扰情况下的生产率期望值之比来衡量。"柔性"是相对于"刚性"而言的，传统的"刚性"自动化生产线主要实现单一品种的大批量生产。

柔性加工系统是由统一的信息控制系统、物料储运系统和一组数字控制加工设备组成，能适应加工对象变换的自动化机械制造系统（Flexible Manufacturing System，FMS）。一组按次序排列的机器，由自动装卸及传送机器连接并经计算机系统集成一体，原材料和代加工零件在零件传输系统上装卸，零件在一台机器上加工完毕后传到下一台机器，每台机器接受操作指令，自动装卸所需工具，无须人工参与。

在柔性加工中，供应链系统对单个需求做出生产配送的响应。从传统"以产定销"的"产→供→销→人→财→物"，转变成"以销定产"，生产的指令完全由消费者独个触发，其价值链展现为"人→财→产→物→销"完全定向的具有明确个性特征的活动。

2. 柔性加工的基本特征

1）机器柔性。系统的机器设备具有随产品变化而加工不同零件的能力。

2）工艺柔性。系统能够根据加工对象的变化或原材料的变化而确定相应的工艺流程。

3）产品柔性。产品更新或完全转向后，系统不仅对老产品的有用特性有继承能力和兼容能力，而且还具有迅速、经济地生产出新产品的能力。

4）生产能力柔性。当生产量改变时，系统能及时做出反应而经济地运行。

5）维护柔性。系统能采用多种方式查询、处理故障，保障生产正常进行。

6）扩展柔性。当生产需要的时候，可以很容易地扩展系统结构，增加模块，构成一个更大的制造系统。

3. 柔性加工制造系统

柔性加工制造系统是由一个传输系统联系起来的一些设备，传输装置把工件放在其他连接装置上送到各加工设备，使工件加工准确、迅速和自动化。一个自动化的生产制造系统，在最少人的参与下，能够生产任何范围的产品族，系统的柔性通常受到系统设计时所考虑的产品族的限制。简单地说，FMS 是由若干数控设备、物料运贮装置和计算机控制系统组成的，并能根据制造任务和生产品种变化，迅速进行调整的自动化制造系统。

FMS 组成通常包括 4 台或更多台全自动数控机床（加工中心与车削中心等），由集中的控制系统及物料搬运系统连接起来，可在不停机的情况下实现多品种、中小批量的加工及管理。

FMC（Flexible Manufacturing Cell，柔性制造单元）的问世并在生产中使用比 FMS 晚 6～8 年。FMC 可视为一个规模最小的 FMS，是 FMS 向廉价化及小型化方向发展的一种产物，由 1～2 台加工中心、工业机器人、数控机床及物料运送存储设备构成，其特点是实现单机柔性化及自动化，具有适应加工多品种产品的灵活性，已进入普及应用阶段。

4. 柔性加工的关键技术

（1）计算机辅助设计　未来 CAD 技术发展将会引入专家系统，使之具有智能化，可处理各种复杂的问题。当前设计技术最新的一个突破是光敏立体成形技术。该项新技术直接利用 CAD 数据，通过计算机控制的激光扫描系统，将三维数字模型分成若干层二维片状图形，按二维片状图形对池内的光敏树脂液面进行光学扫描，被扫描到的液面变成固化塑料。如此循环操作，逐层扫描成形，并自动地将分层成形的各片状固化塑料黏合在一起。仅需确定数据，数小时内便可制出精确的原型。光敏立体成形技术有助于加快开发新产品和研制新结构的速度。

（2）模糊控制技术　模糊数学的实际应用是模糊控制器。最近开发出的高性能模糊控制器具有自学习功能，可在控制过程中不断获取新的信息并自动地对控制量做调整，使系统性能大为改善，其中以基于人工神经网络的自学方法引起人们极大的关注。

（3）人工智能、专家系统及智能传感器技术　柔性加工技术中所采用的人工智能大多指基于规则的专家系统。专家系统利用专家知识和推理规则进行推理，求解各类问题（如解释、预测、诊断、查找故障、设计、计划、监视、修复、命令及控制等）。由于专家系统能简便地将各种事实及经验证过的理论与通过经验获得的知识相结合，因而专家系统为柔性加工的诸方面工作增强了柔性。展望未来，以知识密集为特征，以知识处理为手段的人工智能（包括专家系统）技术必将在柔性加工业（尤其智能型）中起着关键性的作用。目前用于柔性加工中的各种技术，预计最有发展前途的仍是人工智能。

智能制造技术（IMT）旨在将人工智能融入制造过程的各个环节，借助模拟专家的智能活动，取代或延伸制造环境中人的部分脑力劳动。在制造过程，系统能自动监测其运行状态，在受到外界或内部激励时能自动调节其参数，达到最佳工作状态，具备自组织能力。故IMT 被称为 21 世纪的制造技术。对未来智能化柔性加工技术具有重要意义的一个正在急速发展的领域是智能传感器技术。该项技术是伴随计算机应用技术和人工智能而产生的，使传感器具有内在的"决策"功能。

（4）人工神经网络技术　人工神经网络（ANN）是模拟智能生物的神经网络对信息进行处理的一种方法。人工神经网络是一种人工智能工具。在自动控制领域，神经网络将并列于专家系统和模糊控制系统，成为现代自动化系统中的一个组成部分。

（5）综合控制系统　MES 精益制造管理系统是集合软件和人机界面设备（PLC 触摸屏）、PDA 手机、条码采集器、传感器、I/O、DCS、RFID 和 LED 生产看板等多类硬件的综合智能化系统，由一组共享数据的程序所组成的，通过布置在生产现场的专用设备（PDA智能手机、LED 生产看板、条码采集器、PLC、传感器、I/O、DCS、RFID 和 PC 等硬件）对从原材料上线到成品入库的生产过程进行实时数据采集、控制和监控的系统。它也是通过控制物料、仓库、设备、人员、品质、工艺、流程指令和设施等所有工厂资源来提高制造竞争力，系统地在统一平台上集成工艺排单、质量控制、文档管理、图样下发、生产调度、设备管理和制造物流等功能的方式，实现企业实时化的信息系统。精益制造系统实时接收来自ERP 系统的工单、BOM、制程、供货方、库存和制造指令等信息，把生产方法、人员指令和制造指令等下达给人员、设备等控制层，实时把生产结果、人员反馈、设备操作状态与结果、库存状况和质量状况等动态地反馈给决策层。

5. 柔性加工的技术优点

采用柔性加工系统有许多优点，主要有以下几个方面：

（1）设备利用率高　一组机床编入柔性加工系统后的产量，一般可达这组机床在单机作业时的三倍。柔性加工系统能获得高效率的原因，一是计算机把每个零件都安排了加工机床，一旦机床空闲，即刻将零件送上加工，同时将相应的数控加工程序输入这台机床。二是由于送上机床的零件早已装卡在托盘上（装卡工作是在单独的装卸站进行），因而机床不用等待零件的装卡。

（2）减少设备投资　由于设备的利用率高，柔性加工系统能以较少的设备来完成同样的工作量。车间的多台加工中心换成柔性加工系统，投资一般可减少 2/3。

（3）减少直接工时费用　机床在计算机控制下工作，不需工人操纵，唯一用人的工位是装卸站，减少了工时费用。

（4）减少了工序中在制品量　和一般加工相比，柔性加工系统在减少工序间零件库存数量方面有良好效果，有的减少了 80%，缩短了等待加工时间。

（5）改进生产要求有快速应变能力　柔性加工系统具有灵活性，能适应市场需求变化和工程设计变更，进行多品种生产，还能在不明显打乱正常生产计划的情况下，插入备件和急件制造任务。

（6）维持生产的能力　许多柔性加工系统当一台或几台机床发生故障时，仍能降级运转。加工能力有冗余度设计，使物料传送系统有自行绕过故障机床的能力，系统仍能维持生产。

（7）产品质量高　减少零件装夹次数，一个零件可以少上几种机床加工，设计了更好的专用夹具，更加注意机床和零件的定位。这些都有利于提高零件的质量。

（8）运行的灵活性　运行的灵活性是提高生产率的另一个因素。有些柔性加工系统能够在无人照看的情况下，进行第二和第三班的生产。

（9）产量的灵活性　车间平面布局规划合理，需要增加产量时，增加机床，满足扩大生产能力的需要。

6. 柔性加工硬件系统

制造设备：数控加工设备（如加工中心）、测量机和清洗机等。

自动化储运设备：输送带、有轨小车、AGV、搬运机器人、立体库、中央托盘库、物料或刀具装卸站和中央刀库等，计算机控制系统及网络通信系统。

（1）加工系统 柔性加工系统采用的设备由待加工工件的类别决定，主要有加工中心、车削中心或计算机数控（CNC）车、铣、磨及齿轮加工机床等，自动地完成多种工序的加工。磨损了的刀具可以逐个从刀库中取出更换，也可由备用的子刀库取代装满待换刀具的刀库。车床卡盘的卡爪、特种夹具和专用加工中心的主轴箱可以自动更换。

（2）物料系统 物料系统用以实现工件及工装夹具的自动供给和装卸，以及完成工序间的自动传送、调运和存储工作，包括各种输送带、自动导引小车、工业机器人及专用起吊运送机等。储存和搬运系统搬运的物料有毛坯、工件、刀具、夹具、检具和切屑等；储存物料的方法有平面布置的托盘库，也有储存量较大的巷道式立体仓库。

毛坯一般先由工人装入托盘上的夹具中，并储存在自动仓库中的特定区域内，然后由自动搬运系统根据物料管理计算机的指令送到指定的工位。固定轨道式台车和传送滚道适用于按工艺顺序排列设备的柔性加工系统，自动导引小车搬送物料的顺序与设备排列位置无关，具有较大灵活性。

工业机器人可在有限的范围内为1~4台机床输送和装卸工件，对于较大的工件常利用托盘自动交换装置（APC）传送，也可采用在轨道上行走的机器人，同时完成工件的传送和装卸。

7. 柔性加工技术目标

1）基于柔性加工技术和系统集成技术，通过配置先进的数控加工设备和计算机系统，运用以计算机技术为核心的现代设计、制造和管理技术，建立一个具有行业特色的柔性加工中心。

2）应用CAD/CAM技术，实现天线系统关键零件的计算机辅助设计，逐步实现柔性中心设计过程的并行化。

3）应用现代信息管理技术和加工过程的计算机控制技术，实现关键零件制造过程的柔性化。

4）通过建立网络和数据库，为实现中心运行过程中的功能交互、信息集成和资源共享创造条件。

5）提高本单位的综合实力和现代化水平，提高对市场的应变能力。

6）柔性中心总体功能构成由工程设计系统、工程管理系统、质量管理分系统、车间制造分系统和网络数据库支持系统构成。

8.2 柔性加工工业机器人工作站的应用

8.2.1 工作任务及相关知识

柔性加工工业机器人工作站是由机器人的信息控制系统、物料储运系统和一组数控控制加工设备组成，能适应机械零件加工对象变换的自动化机械加工系统。一组按次序排列的机器人，由机械手自动装卸及传送加工零件，经计算机系统集成一体，原材料和代加工零件在零件传输系统上装卸，零件在一台加工机床上加工完毕后传到下一台机床，每台机床接受操作指令，自动装卸所需工具，无须人工参与。

建立及使用柔性加工工业机器人工作站，安装与调试是很重要的。通过安装、调试柔性加工工业机器人工作站，认识柔性加工工业机器人工作平台的主要组成设备及其作用，安装设备及掌握常用调试方法。柔性加工工业机器人工作站整体布局如图8-1所示。

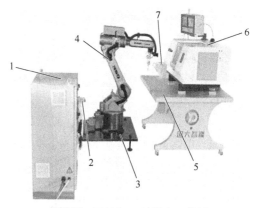

图 8-1 柔性加工机器人工作站
1—机器人控制柜 2—手持示教器 3—底座
4—机器人本体 5—底座平台
6—数控车床 7—输送带

柔性加工工业机器人工作站的安装要求：机器人工作范围区不能受到干涉，机器人控制柜安装位置方便操作，摆放不能对机器人和工作平台有干涉，工作平台应固定牢靠，确保稳定。

线路连接要求：连接线接头连接需牢固，安全接地，气管接头密封工作到位。

机器人控制柜与数控车床信号图如图8-2所示，Y1.0～Y1.5为机器人输出数控车床信号，X1.0～X1.5为数控车床输入到机器人信号。

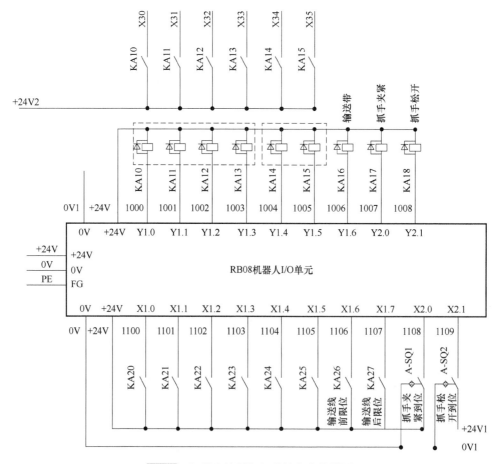

图 8-2 机器人控制柜与数控车床信号图

控制柜航空插头信号接线图如图8-3所示。

24芯航空插 16芯线			
针号	颜色	信号	
1	红		+24V
2	红白		0V
3	黄		1108
4	黄白		1109
5	绿		400
6	绿白		401
7	橙		+24V2
8	橙白		0V2
9	棕		
10	棕白		
11	蓝		
12	蓝白		
13	紫		
14	紫白		
15	黑		
16	黑白		
17			
18			
19			
20			
21			
22			
23			
24	屏蔽线		

机器人手爪中转信号(蛇皮管5m)

24芯航空插 16芯线			
针号	颜色	信号	
1	红		+24V2
2	红白		Y20　//车床就绪
3	黄		Y21　//上料状态
4	黄白		Y22　//夹料状态
5	绿		Y23　//下料状态
6	绿白		Y24　//栓料状态
7	橙		Y25
8	橙白		0V2
9	棕		X30　//上料到位
10	棕白		X31　//上料离开车床
11	蓝		X32　//下料到位
12	蓝白		X33　//下料离开车床
13	紫		X34
14	紫白		X35
15	黑		X36
16	黑白		
17			
18			
19			
20			
21			
22			
23			
24	屏蔽线		

机器人与车床联机信号(蛇皮管5m)

图8-3　控制柜航空插头信号接线图

8.2.2　柔性加工平台的安装与调试

1. 加工平台的安装

1）对好螺钉口，组装平台支架，如图8-4所示。

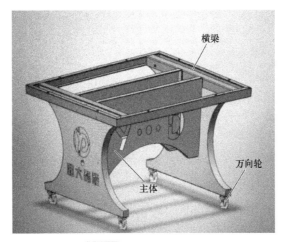

图8-4　组装平台支架

155

2）装上平面板，锁紧螺钉，如图 8-5 所示。

3）将数控车床安装到平面板上，用螺钉固定。如数控车床较重，建议使用吊装或叉车进行安装，如图 8-6 所示。

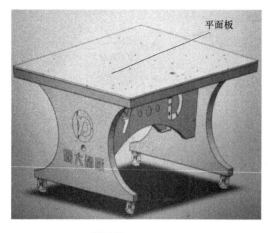

图 8-5　装平面板

图 8-6　安装数控车床

输送带电动机接线图如图 8-7 所示。

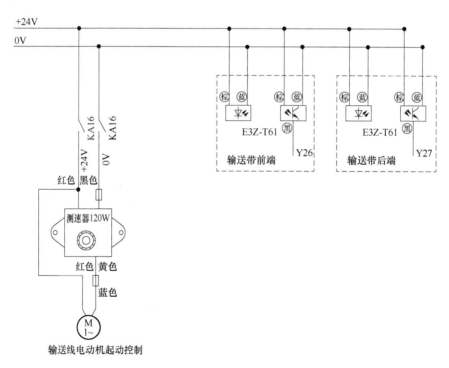

图 8-7　输送带电动机接线图

2. 加工平台的调试

1）数控车床开机界面如图 8-8 所示。

2）在显示菜单中按"程序"按钮，可进入程序界面，如图 8-9 所示。

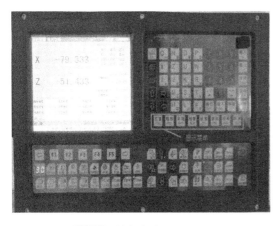

图 8-8　数控车床开机界面

图 8-9　程序界面

3）在程序界面按"F2"打开程序列表，如图 8-10 所示。

4）按 F（x）键可进行对应操作。如按"F1"键可打开现光标位置的程序 O0001，如图 8-11 所示。

图 8-10　打开程序列表

图 8-11　操作光标

在编辑键盘中操作方向键可移动光标进行程序选择操作，本单元选用 O4020 程序，如图 8-12 所示。选择程序，按"自动"按钮，再按"循环启动"程序自动运行。

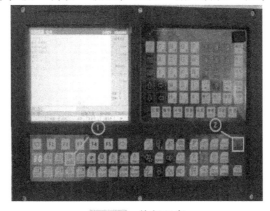

图 8-12　执行程序

3. 末端执行器的安装与调试

（1）末端执行器的安装。将末端执行器固定到六轴法轮盘，连接好气管，如图 8-13 所示。

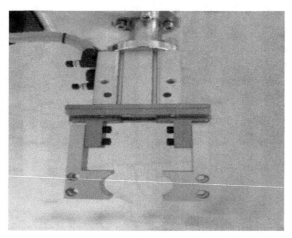

图 8-13　末端执行器的安装

（2）末端执行器的调试　设置 DOUT16 为"OFF"，DOUT17 为"ON"，夹具张开，可监控 IN17 为"ON"；设置 DOUT17 为"OFF"，DOUT16 为"ON"，夹具夹紧，可监控 IN16 为"ON"。

设置信号，步骤如下：

1）开机后界面如图 8-14 所示，光标在主界面。

2）按手持示教器上的"TAB"按钮，可实现快捷菜单区、主菜单区和程序区的切换。

在开机界面按"TAB"键，光标跳到"系统设置"，按"选择"键展开子菜单，选择"模式切换"，进入切换到编辑模式后退出，将光标调到主菜单区"输入输出"，如图 8-15 所示。

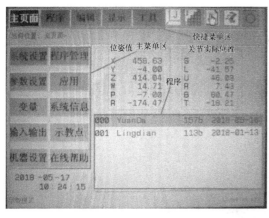

图 8-14　主界面

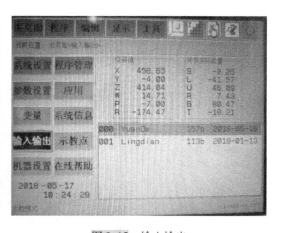

图 8-15　输入输出

3）按"选择"出现信号分类列表，如图 8-16 所示。选择"数字 I/O"，按下"选择"键。

4）进入 OUT 输出信号列表，切换到编辑模式下光标在状态的列表，如图 8-17 所示，操作"选择"进行信号 ON/OFF 设置。

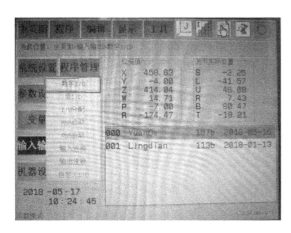

图 8-16　分类列表图

图 8-17　信号设置

5）如图 8-18 所示，在界面按"TAB"，光标移动到"输入/输出"，按"选择"键切换到 IN 输入信号列表，可实时监控对应输入信号。

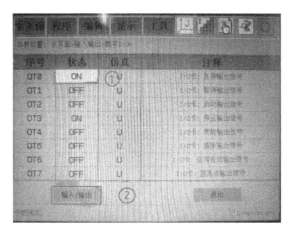

图 8-18　切换信号

注意： 设置过程中平台组件不工作，首先检查是否有气，再检查接线是否松动。

8.2.3　柔性加工工业机器人工作站的应用与操作

1. 建立机器人程序

1）建立机器人程序，开机启动切换编辑或更高权限的模式。移动光标至"程序管理"，按"选择"出现如图 8-19 所示界面，选择"新建程序"，按下"选择"。

2）在新建程序界面，按"TAB"与移动键配合光标移动到程序名称（见图 8-20）位置，按下"选择"。

3）出现程序命名界面，如图 8-21 所示。通过"转换"按钮可切换大小写及字符键盘，输入程序名字（见图 8-22），名称输入完成后按"输入"按钮。

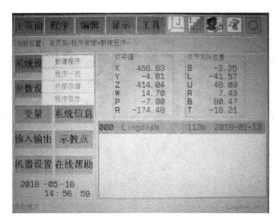

图 8-19　选择"新建程序"

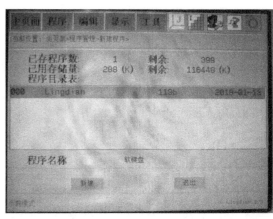

图 8-20　光标移动到程序名称

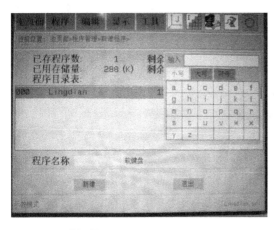

图 8-21　出现程序命名界面

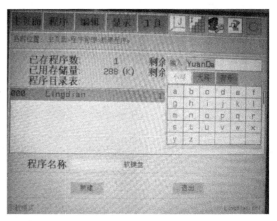

图 8-22　输入程序名字

4）如图 8-23 所示，按下"TAB"，光标移动到"新建"，按"选择"即可完成程序新建，自动跳转到编辑界面，如图 8-24 所示。

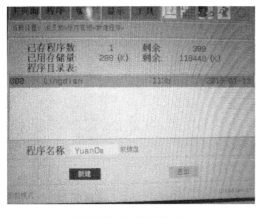

图 8-23　完成程序新建

图 8-24　编辑界面

5）在编辑界面下，按"添加"按钮，出现指令列表（见图8-25），可进行指令添加，选择对应指令后按"选择"键即可添加指令，添加运动指令需同时按着手持示教器上的使能键。

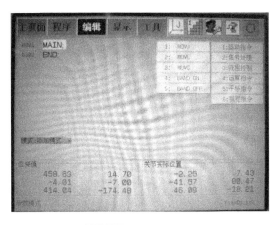

图8-25 指令列表图

6）添加一条指令，如图8-26所示，光标包含整条指令，按"修改"，光标位置缩小，如图8-27所示。

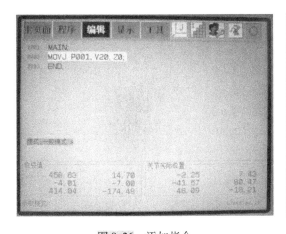

图8-26 添加指令

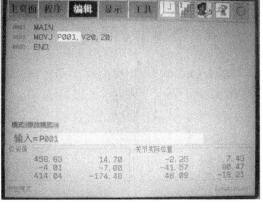

图8-27 光标位置缩小

可进行P点位数字修改、示教等操作，修改完后按"输入"即可。

2. 程序介绍

1）程序开始初始化，把计数清零、平移量清零，程序如下：

```
MAIN;                    //程序开始
SET R0, 0;               //夹料计数 R0 清零
PX0 = PX0-PX0;           //平移量 PX0 清零
DOUT OT17, ON;           //夹具夹紧
DOUT OT16, OFF;
WAIT IN17, ON, T0;       //等待夹紧到位信号
```

DOUT OT16，ON；   //夹具松开

DOUT OT17，OFF；

WAIT IN16，ON，T0；   //等待松开到位信号

DOUT OT15，OFF；   //输送带关闭

MOVJ P0，V50，Z0；   //移动到安全点

2）建立平移。图 8-28 所示为坯料布局和抓取顺序。

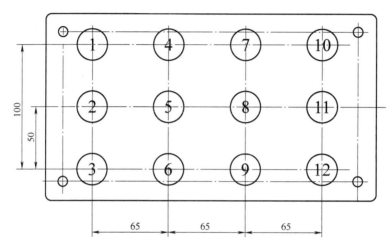

图 8-28 坯料布局和抓取顺序

3）设置平移量

PX0 = (X = 0,   Y = 0,   Z = 0, W = 0, P = 0, R = 0)

PX1 = (X = 0,   Y = 50,   Z = 0, W = 0, P = 0, R = 0)

PX2 = (X = 65,   Y = 0,   Z = 0, W = 0, P = 0, R = 0)

PX3 = (X = 130, Y = 0,   Z = 0, W = 0, P = 0, R = 0)

PX4 = (X = 195, Y = 0,   Z = 0, W = 0, P = 0, R = 0)

程序如下：

LAB0；   //标签 0

MOVJ P1，V50，Z0；   //移动到上料区

JUMP LAB10，IF R0 = =0；   //跳转 1，2，3 坯料平移赋值

JUMP LAB11，IF R0 = =3；   //跳转 4，5，3 坯料平移赋值

JUMP LAB12，IF R0 = =6；   //跳转 7，8，9 坯料平移赋值

JUMP LAB13，IF R0 = =9；   //跳转 10，11，12 坯料平移赋值

LAB10；   //标签 10

PX0 = PX0；

JUMP LAB1；   //跳转到标签 1

LAB11；   //标签 11

PX0 = PX2；

JUMP LAB1；   //跳转到标签 1

LAB12；   //标签 12

```
PX0 = PX3;
JUMP LAB1;                    //跳转到标签 1
LAB13;                        //标签 13
PX0 = PX4;
JUMP LAB1;                    //跳转到标签 1
LAB1;                         //标签 1
SHIFTON PX0;                  //打开平移量 PX0
MOVJ P20, V50, Z0;           //快速移动到坯料附近
MOVL P21, V30, Z0;           //缓慢移动到坯料夹紧位
DOUT OT16, ON;               //夹具夹紧
DOUT OT17, OFF;
DELAY T1;                     //延时 1s
WAIT IN16, ON, T0;           //等待夹紧到位信号
MOVL P22, V30, Z0;           //缓慢拔出坯料
SHIFTOFF;                     //关闭平移量 PX0
PX0 = PX0 + PX1;             //PX0 加 PX1 赋值给 PX0
INC R0;                       //夹料 R0 加一计数
```

8.2.4 柔性加工工业机器人工作站的故障检测

1. 柔性加工工业机器人工作站故障的相关知识

故障是指设备（元件、零件、部件、产品或系统）因某种原因丧失规定功能的现象。故障的发生一般与磨损、腐蚀和疲劳等密切相关。其特点是故障一般发生在元器件有效寿命的后期，有规律、可以预防，发生概率与设备运转时间有关。

故障有自然故障，也有人为故障。自然故障一般是设备自身原因造成的，人为故障一般是操作使用不当或意外原因造成的。

引起故障的原因很多，主要包括：

1）环境因素。包括力、能、振动和污染等。

2）人为因素。包括设计不良、质量偏差和使用不当等。

3）时间因素。常见的磨损、腐蚀、疲劳和变形等故障都与时间有密切的关系。

设备出现了故障，必须及时检测并诊断出故障，正确地加以维修，让设备可以正常运作。工业机器人的故障诊断一般采用设备诊断技术。

工业机器人工作站的检测、维修顺序一般是：

1）先软件后硬件。先检查程序应用、参数设置是否正确，检查无误后再进行硬件检查。

2）先机械后电气。只有确定机械零件无故障后再进行电气方面的检测。

2. RB08 机器人的故障检测

某公司柔性加工工业机器人工作站采用广州数控 RB08 机器人，机器人的检测包括系统诊断、系统报警、伺服报警及处理，在机器人示教器中可监控到报警记录。

（1）系统诊断

1）"系统信息"菜单。"系统信息"菜单由 5 个子菜单组成，移动光标至"系统信息"

菜单，按"选择"键打开，会弹出其子菜单，如图 8-29 所示。

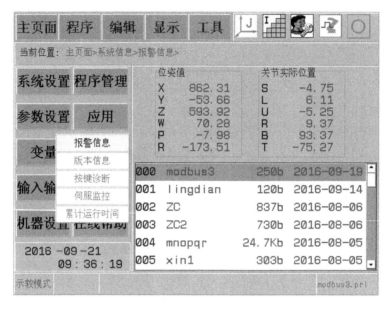

图 8-29　系统信息

弹出子菜单后，光标位置为上次离开该子菜单时的位置。通过上下方向键选择子菜单，按"取消"键可关闭离开该子菜单界面。

2）"按键诊断"菜单界面。"按键诊断"菜单界面用来诊断各个按键是否正常，如图 8-30 所示。

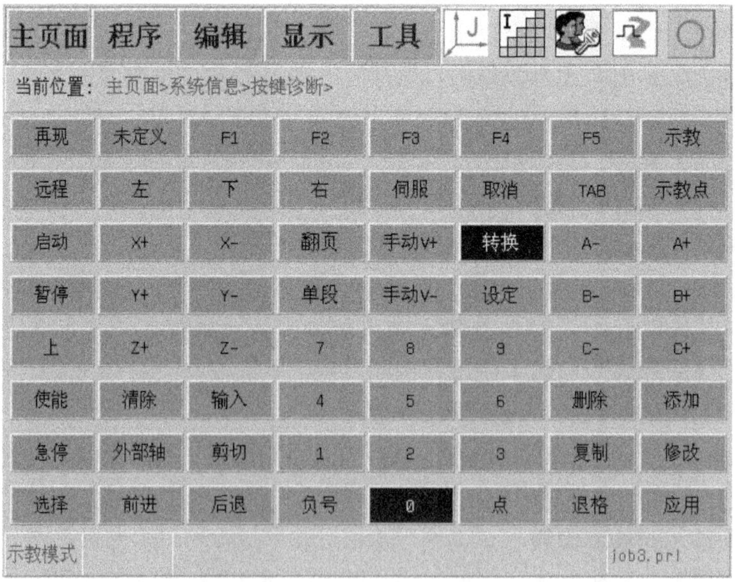

図 8-30　按键诊断

（2）系统报警　"报警信息"菜单界面用来浏览最近历史报警的信息，如图 8-31 所示。

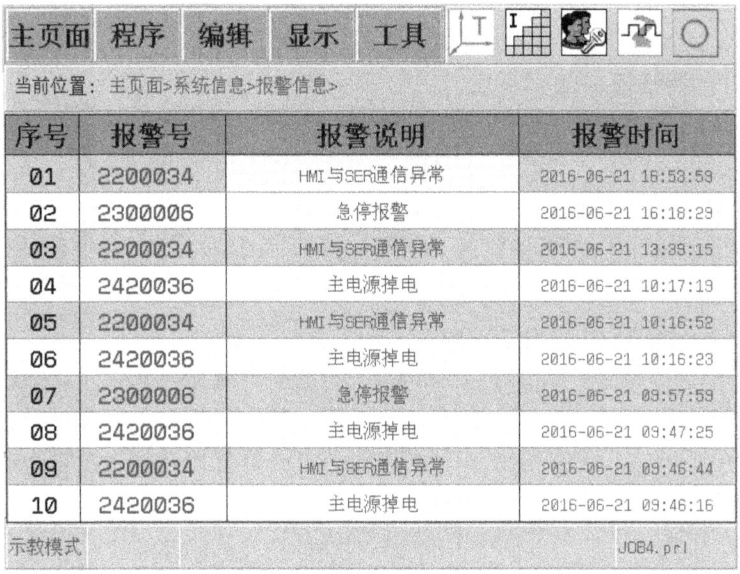

图 8-31 报警信息

该界面显示了报警号、报警说明和报警时间等信息，通过上下方向键或"翻页"键可进行翻页浏览，按下"选择"键可将光标处的报警说明信息放大显示。按"取消"键退出该界面，返回主页面。

3. 数控车床的故障检测

（1）自动诊断 现代数控系统尤其是全功能数控系统具有很强的自诊断功能，通过随时监控系统各部分的工作，及时判断故障并立刻在 CRT 上显示报警信息。有时当硬件发生故障而不能发出报警信息时，就要通过发光二极管的闪烁来指示故障的大致起因。现代数控系统尤其是全功能数控系统具有很强的自诊断功能，通过随时监控系统各部分的工作，及时判断故障并立刻在 CRT 上显示报警信息。有时当硬件发生故障而不能发出报警信息时，就要通过发光二极管的闪烁来指示故障的大致起因。自诊断一般分为启动自诊断、在线自诊断和离线自诊断。

在控制面板上按"诊断"按钮可以实现一些故障检测，对应其代码进行相应处理，按"RESET"按钮可以消除报警显示。

（2）手工诊断 通过"MDI 录入"按钮进入 MDI 模式，执行相应指令程序进行相应操作，诊断是否异常，例如通过 MDI 模式执行 M12 可以实现卡盘夹紧，执行 M13 可以实现卡盘松开。

M12 卡盘夹紧

M13 卡盘松开

4. 末端执行器的故障检测

末端执行器起动不能动作，首先检查气压是否达标。在手持示教器里，切换到编辑模式，选择输入/输出，选择数字 I/O，将 OT8 设置为"OFF"，OT9 设置为"ON"，检查继电器是否能起动，如果继电器不能起动，检测电磁阀与机器人电控柜的连接线是否连接正确；如继电器能正常起动，检查电动机对插头接线端子是否连接牢固。设置 OT15 为"ON"真空打开，用手或其他易吸附物体放到吸嘴看能是否吸上，达到吸附要求时 IN14 为"ON"。

5. 气缸的检测

此部分内容详见"5.6.2 故障检测任务实施"部分。

6. 安全操作注意事项

此部分内容详见"5.6.2 故障检测任务实施"部分。

7. 数控车床维护保养

数控设备是一种自动化程度高、结构较复杂的先进加工设备，要充分发挥数控设备的高效性，就必须正确操作和精心维护保养，以保证设备正常运行和高利用率。

1）严格遵守操作规程和日常维护制度。

2）应尽量少开数控柜和强电柜的门。

在机加工车间的空气中一般都会有油雾、灰尘甚至金属粉末，一旦落在数控系统内的电路板或电子元器件上，容易引起元器件间绝缘电阻下降，甚至导致元器件及电路板损坏。有的用户在夏天为了使数控系统能超负荷长期工作，打开数控柜的门来散热，这是一种极不可取的方法，最终将导致数控系统的加速损坏。

8. 主传动链的维护

定期调整主轴驱动带的松紧程度，防止因带打滑造成的丢转现象；检查主轴润滑的恒温油箱，调节温度范围，及时补充油量，并清洗过滤器；主轴中刀具夹紧装置长时间使用后，会产生间隙，影响刀具的夹紧，需及时调整液压缸活塞的位移量。

9. 刀库及换刀机械手的维护

严禁把超重、超长的刀具装入刀库，避免机械手换刀时掉刀或刀具与工件、夹具发生碰撞；经常检查刀库的回零位置是否正确，检查机床主轴回换刀点位置是否到位，并及时调整；开机时，应使刀库和机械手空运行，检查各部分工作是否正常，特别是各行程开关和电磁阀能否正常动作；检查刀具在机械手上锁紧是否可靠，若发现不正常，应及时处理。

10. 液压、气压系统维护

定期对各润滑、液压、气压系统的过滤器或分滤网进行清洗或更换；定期对液压系统进行油质化验检查和更换液压油；定期对气压系统分离滤气器放水。

11. 末端执行器维护保养

加强夹爪定期检查、保养，能够延长夹爪的使用寿命。主要为以下几个部位：

1）电磁阀使用环境应经常保持干燥，定期清理，表面应保持清洁，进风口不应受尘土、纤维等阻碍。

2）气缸保养参考气缸的维护保养。

3）光电磁感应开关定期检查是否损坏，松动移位。

12. 气缸的保养与维护

不建议对气缸进行维修，但有时为了应急使用，建议对气缸漏气、不动作、动作缓慢或串气的现象进行简单的维修。

首先使用卡簧钳将气缸尾部的卡簧（螺钉）卸掉，将气缸活塞取出。活塞上面有一个橡胶圈，一般气缸不动作、动作缓慢或串气都是由于这个橡胶圈磨损过多造成的。将橡胶圈取下，将新的橡胶圈装上，将气缸缸体清洗干净并确保两个进气口通畅，然后将缸体内壁擦少量的无杂质的润滑脂，再将气缸尾部的卡簧装好。修好后一般可以延长气缸1~2年的寿命。

设备在于保养，不在于维修，平时保养得好，就不会有维修。

1）爱护设备，经常保养擦拭，保持清洁。

2）不超负荷使用设备，不违规使用设备。

3）出现故障时要耐心排除，不能使用蛮力、暴力。

4）精细部件维护要认真，不能使用钝器或尖锐物件敲击、顶戳设备。

5）易损件准备齐全，图样更新速度快，能大大缩短维修时限。

6）平时多观察设备运行状况，预防设备故障出现。

8.3 端盖柔性加工工业机器人工作站的应用

8.3.1 工作情景描述

该加工单元的自动化设备系统针对铝件工件的机床所设计，加工设备有数控车床、加工中心、关节机器人（GSK RB08）、上料装置、翻转装置、输送线、下料架、手爪装置、GPC 单元控制器及系统，构成高产能、高精度自动化生产单元。根据用户的实际需要，吸取了当代国际上先进的优化设计手段，配置国内外先进的功能部件并融入公司多年的技术储备与先进的制造工艺产品，是精心设计的一种集电气、自动控制、液压控制和现代机械设计等多学科、多门类的精密制造技术为一体的机电一体化机床新产品，采用模块化设计，可根据用户的使用要求进行任意的组合。

图 8-32　端盖实体图

加工数量为 3000 件，工期为 30 天，包工包料。现生产部门委托端盖（见图 8-32）柔性加工工业机器人工作站加工单元数控车工组来完成此加工任务。

8.3.2 阅读生产任务单

1）端盖生产任务单，见表 8-1。

表 8-1　端盖生产任务单

单位名称　　　　　　　　　　　　　　　　　　　　完成时间　　年　　月　　日

序号	产品名称	材料	生产数量	技术标准、质量要求
1	端盖	铸铝	3000 件	按图样要求
2				

生产批准时间　　年　　月　　日　　批准人

通知任务时间　　年　　月　　日　　发单人

　　接单时间　　年　　月　　日　　接单人　　　生产班组　　　数控车工组

注：生产任务单与零件图样等一起领取。

2）单元组成。自动化产线分两个工作站，由1套上料装置、1套翻转装置、1条输送线、1套下料装置、3台RB08关节机器人、2台数控车床、1台加工中心、GPC单元控制器及其他辅助设备等组成，见表8-2。

表8-2　自动化产线单元组成

序号	名　称	数量	备　注
1	RB08机器人	3台	含控制柜和示教器及底座
2	上料装置	1套	兼容电动机端盖和法兰盘
3	翻转装置	1套	兼容电动机端盖和法兰盘
4	输送线	1条	约2.5m
5	下料装置	1套	兼容电动机端盖和法兰盘
6	GPC总线控制台	1套	
7	手爪装置	5套	其中3套是电动机端盖手爪，2套是法兰盘手爪
8	安全围栏	1套	隔离两个工作站
9	数控车床	2台	TC1635i
10	加工中心	1台	XH7132A
11	数控车床、加工中心工装改造	1批	数车气动门、加工中心法兰工装
12	气压源	1套	含压缩机、储气罐和气源管路施工
13	加工材料	1批	一批
14	企业情境化实施	1套	地面、墙体、企业7S管理体系打造、窗帘和空调等场地建设
15	教学管理平台	1套	多媒体、投影机、示教台和监控系统等
16	机床附件	1批	刀具、量具、切削液、润滑油、液压油和维修工具等备件

3）电控柜颜色。按GSK出厂颜色执行或由用户指定。

8.3.3　工艺方案

（1）使用条件

1）使用状况。必须依靠人工执行毛坯、工件进出加工单元的搬运及备料等工作，且须由人工更换刀片及加注切削液、润滑油等，为符合一般用户作业状况。在此依人工操作分班制作业，可三班制作业。

2）使用率。在考虑机器定期维修保养、暖机，以及准备刀具、毛坯、工件搬运等非生产工时后，根据公司的经验及统计资料，该自动化加工单元的使用率约为85%。

（2）工艺方案设计依据　依据甲方提供图片（未按标准尺寸，仅供参考，可适用于法兰、端盖等多种零件加工）。

（3）自动加工单元流程规划　端盖柔性加工工业机器人工作站单元，明细表见表8-3。

表 8-3　端盖柔性加工工作站单元明细表

用户名称	
工件名称	端盖
工件图号	
工件形状	见图 8-32
工件重量	毛坯，1kg 左右
设备厂家	沈阳车床
加工设备型号	HTC1635i　XH7132
加工设备系统	
工件工序安排	
生产节拍	1.5～2min/件
生产线要求	
兼容要求	

端盖柔性加工工业机器人工作站主要设备包括 1 套上料装置、1 套下料装置、1 台 RB08 关节机器人、3 台机床、1 套电控柜、1 套 GPC 单元控制器及其他辅助设备等。如图 8-33 所示，图中尺寸仅供参考，详细尺寸以图样为准。

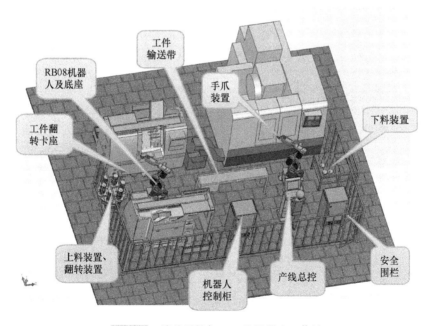

图 8-33　端盖柔性加工工业机器人工作站

8.3.4　加工单元标准配置及性能简述

针对客户工件加工工艺的分析，推荐使用 RB 系列机器人中的 RB08。本方案中采用在系统集成控制方式下的运行模式，在输送料道的配合下，完成零件的自动化加工。

1. RB 系列机器人及辅助装置配置

（1）RB08 工业机器人

1）结构及配置。RB08 工业机器人如图 8-34 所示。

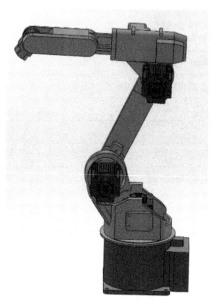

图 8-34　RB08 工业机器人

2）RB08 工业机器人功能参数（见表 8-4）。

表 8-4　RB08 工业机器人功能参数

结　　构		垂直多关节形（6 自由度）
最大动作范围	J1 轴（回旋）	±170°
	J2 轴（下臂）	+120°，−85°
	J3 轴（上臂）	+85°，−170°
	J4 轴（手腕回旋）	±185°
	J5 轴（手腕摆动）	±130°
	J6 轴（手腕回转）	±360°
最大动作速度	J1 轴	额定速度 130（°）/s
	J2 轴	额定速度 130（°）/s
	J3 轴	额定速度 130（°）/s
	J4 轴	额定速度 270（°）/s
	J5 轴	额定速度 170（°）/s
	J6 轴	额定速度 455（°）/s
重复定位精度		±0.05mm
负载质量		8kg
本体质量		180kg
安装方式		地面安装

3）控制箱技术规格（见表8-5）。

表8-5　控制箱技术规格

构　造	密　闭　型
控制柜重量	125kg
周边温度	0℃ ~ +45℃（运转时） -10℃ ~ +60℃（运输保管时）
相对湿度	最大90%
电源	3 相 AC 380V（ +10% ~ -15%），50/60Hz
输入输出信号	输入：64 输出：64
驱动单元	交流伺服
加减速控制	软件伺服控制
接口	RS-232C

4）控制柜功能说明（见表8-6）。

表8-6　控制柜功能说明

示教编程器 操作（如果具有 独立示教器）	坐标系选择	关节、直角/圆柱、工具及用户坐标系
	示教点修改	插入，删除或修改（可独立修改机器人轴和外部轴）
	微动操作	可实现
	轨迹确认	单步前进，后退，连续行进
	速度调整	在机器人工作中和停止中均可微调
	快捷功能	直接打开功能、多窗口功能
	应用	搬运
安全措施	安全速度设定	可实现 4 级调速
	安全开关	三位型，伺服电源仅在中间位置能被接通
	用户报警显示	能显示周边设备报警信息
	机械锁定	对周边设备进行运行测试（机器人不动作）
	门互锁	只有主电源关闭时才可开安全门
	报警显示	报警内容及以往报警记录
	输入/输出诊断	可模拟输出
编程功能	编程方式	菜单引导方式
	动作控制	关节运动、直线及圆弧插补、工具姿态控制
	速度设定功能	百分比设定（关节运动）
	程序控制命令	跳转命令，调用命令，定时命令，机器人停止，机器人工作中一些命令的执行
	输入/输出命令	模拟输出控制、组方式输入/输出处理

（2）上料装置　上料装置如图8-35所示，一次可以放置毛坯件120件。

1）旋转料仓。旋转料仓由电动机驱动转盘转动并将工件带至机械手上料位。料位设计有调整机构，可适应一定直径范围内的不同零件。本料仓每次堆满工件后，能满足近4h的自动化加工，工件加工完成后系统会发出报警信号，提醒工人添加毛坯。

2）旋转料仓动作原理及过程。工人手动依次往料盘上码料，系统启动后料盘转动将毛坯件运行至机械手上料位，传感器检测到上料位有料时，电动机停转，等待机械手抓取零件。机械手会自动抓取工件，整叠工件抓取完后，发出信号使料盘转动一个料位。

（3）安全围栏　根据客户要求，必须配置安全防护栏，如图8-36所示。

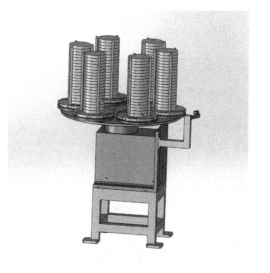

图8-35　上料装置

（4）成品料盘　成品储料盘（外观参考图8-37），此装置采用无杆气缸推拉结构。首先机器人放料在料板上，每块板放置90个工件，当加工放置板上的物料堆满时，系统检测到料盘已满，然后气缸推拉放置板到安全围栏外，人工可以收料，收料完成后退回，继续供机器人放料在料板上。

图8-36　安全防护栏

图8-37　成品储料盘

（5）输送带装置　输送带装置主要功能是运送加工件，如图8-38所示。

（6）翻转装置　翻转装置卡座如图8-39所示，放置工件，三爪气缸夹头，从另一面夹持，调头装夹到机床加工。

（7）手爪装置　手爪装置（外观参考图如图8-40所示），2个三爪气缸，采用定位销定位，手爪装置附带自动吹气功能，可以吹去夹具上的铁屑，手爪附有吹气功能，占用时间，此道工序省去清洗时间。

（8）总控装置　GPC1000（见图8-41）集通用PLC功能、多通道多轴运动控制功能及通信功能于一体，采用GSK-Link控制总线实现对伺服单元和I/O单元的实时控制，通过GSK-Link-PA设备总线实现与数控系统、机器人控制器等设备间的实时数据交换，既可独

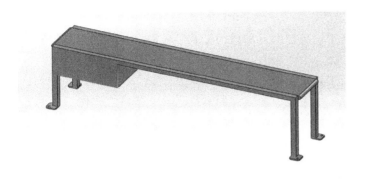

图 8-38　输送带装置

图 8-39　翻转装置卡座

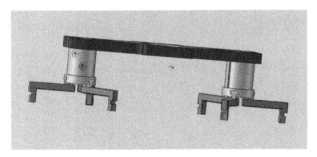

图 8-40　手爪装置

图 8-41　GPC1000 主控制器

立控制自动化设备、自动线，又可作为主控制器用于由数控机床、机器人组成的自动生产线，还可接入工厂局域网，支持远程设备监控、工艺管理，真正实现生产自动化与信息化的无缝融合。具有以下优点：

1）基于成熟的嵌入式数控系统技术平台开发，性价比高，可靠性好。

2）最多可控制 4 通道 16 个伺服轴运动控制，各通道运动程序并行执行。

3）丰富的 PLC 指令集，支持梯形图编程。PLC 最小扫描周期为 4ms，I/O 单元 GPC1000 主控制器灵活配置，外形如图 8-41 所示。

4）采用自主知识产权的 GSK-Link 控制总线和 GSK-Link-PA 设备总线，构建柔性控制系统。

5）支持以太网 TCP/IP 协议，可实现远程设备配置、工艺管理和生产过程监控。

2. 控制系统配置

系统采用机器人自带 I/O 控制，GPC 监控平台实现整条流水线的控制，实现与外部设备的联机。

8.3.5　加工单元流程及节拍估算

1. 单元流程

1）机器人从上料台抓取物料。

2）机器人将毛坯放置在车床液压卡盘上，机床门关闭，开始加工。

3）机器人从上料台抓取物料，在车床门口等待。

4）车床加工完成，机器人进去取下加工好的零件，换上毛坯，机器人退出开始加工（第一道工序完成）。

5）机器人来到第二台机床前，机器人进去取下加工好的零件，把工序一零件放置于液

173

压卡盘上，机床门关闭，开始加工。

6）机器人把工序二零件放置于输送带内（如果加工有翻转需要，可以加装翻转装置），输送带把工序二零件送至输送带末端。

7）机器人到输送带末端抓取工件，在加工中心门口等待。

8）加工中心加工完成，机器人进去取下加工好的零件，换上工序二零件，机器人退出开始加工。

9）机器人把加工好的零件放置于料仓内。

10）重复步骤1）~9）。

以上步骤，需要清洗工件及吹气功能，都在当步骤完成。

2. 节拍估算

机械手初始位置：料架机械手上料位上方。

运行数据：

1）机械手移动速度为 1.5 ~ 2m/s，影响节拍的主要是加工时间。

2）机床加工零件期间输送带可以运动，机械手可以抓取毛坯或工件，机床的加工时间足够机械手完成上料的准备时间。

3）机床换料时间 + 吹气时间为 25 ~ 30s。

说明： 以上时间表仅供参考；机械手换料时间占用机床加工时间，其他时间与机床加工同时进行。

3. 加工单元产量分析

生产纲领按每月 21 天，每天 1 班 8h 计。按工序最长加工时间 120s 计算，月产量 = $21 \times 8 \times 3600 \times 85\% / (120 + 25) \approx 3545$ 件。

8.3.6 加工单元设备运行环境

1）环境温度为 – 10 ~ 50℃。

2）相对湿度为 20% ~ 75%。

3）振动加速度小于 0.5g。

4）电源为三相四线 380V。

5）电压波动范围为 ± 10%。

6）频率为 50Hz。

7）需要有气源为 0.5MPa 以上（乙方提供气动三联件）。

8）要求机器人控制柜电源配有独立的断路器。

9）机器人控制柜必须分别接地，接地电阻小于 1Ω。

10）工作现场无腐蚀性气体。

11）车间地基以甲方车间常规水泥地面处理，输送线设备安装底座采用膨胀螺栓与地面固定。

8.3.7 其他要求

1）相应的场地尺寸由甲方提供给乙方，乙方确认机床、机器人的相关布局及匹配。

2）机器人需带中文说明书一套。

3）乙方要向甲方提供一套完整加工单元技术资料（包括机器人安装、调试、电气和机械使用说明书，以及关节机器人、储料架、梯形图、接线图及相关关节机械手外观图、储料架、易损件零件图和目录）。

4）对客户相关人员进行甲乙双方现场的两次技术培训，培训内容包括机器人及相关单元的机械电气的安装调试使用维护。

5）乙方需提供在甲方安装调试服务。

8.3.8 设施及安全

1）机床及机器人要求一级接地，利用甲方现有电源设施，不需要重新配置。

2）储料架要求一级接地。

3）加工单元须有安全围栏，安全围栏由乙方设计并制作。

8.4 电动机轴柔性加工工业机器人工作站的应用

8.4.1 工作情景描述

该加工单元的自动化设备系针对轴类工件的自动车削加工设计，加工设备有ZK8210S铣打机、数控车床、关节机械手机器人（广州数控RB08）、储料架、输送带和单元控制系统等，构成高产能、高精度自动化生产单元。其根据用户的实际需要，吸取了当代国际上先进的优化设计手段，配置国内外先进的功能部件并融入广州数控多年的技术储备与先进的制造工艺产品，是精心设计的一种集电气、自动控制、液压控制和现代机械设计等多学科、多门类精密制造技术为一体的机电一体化机床新产品。其采用模块化设计，可根据用户的使用要求，进行任意的组合。

加工数量为5000件，工期为30天，包工包料。现生产部门委托电动机轴柔性加工工业机器人工作站加工单元数控车工组来完成此加工任务。电动机轴尺寸如图8-42所示。

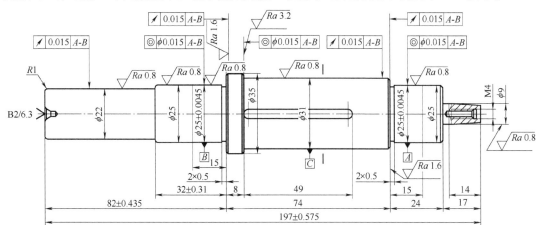

图8-42　GSK-130SJT电动机轴尺寸

8.4.2 电动机轴工件加工工艺分析

1）使用状况。必须依靠人工执行毛坯、工件进出加工单元的搬运及备料等工作，且须由人工更换刀片及加注切削液、润滑油等。为符合一般用户作业状况，该单元系依人工操作分班制作业，可三班制作业。

2）使用率。在考虑机器定期维修保养、暖机以及准备刀具、毛坯和工件搬运等非生产工时后，根据公司的经验及统计资料，该自动化加工单元的使用率约为85%。

电动机轴工件加工工艺简述见表8-7，130SJT（毛坯为棒料 $\phi37mm/45$ 钢，长度为198 ~ 330mm，质量为 1.6 ~ 2.8kg）

表8-7 电动机轴工件加工工艺简述

工 序	进给量 S /(mm/r)	线速度 v /(m/min)	节拍 t/s	合计 T/s
铣两端面，钻中心孔			3.0 2.0	9.0
一端套车			4.0	
顶车：车 $\phi22mm \times \phi25mm$ 端外圆，留量 0.5mm，$\phi35mm$ 车到位，切槽、倒角	0.4 0.08	200 120	4.5 1.5	6.0
调头顶车：车 $\phi30mm \times \phi25mm$ 端外圆及尾锥，留量 0.5mm，切槽、倒角	0.4 0.08	200 1 20	10.0 5.0 10.0	25.0
铣键槽			30.0	30.0
精车轴承位			20.0	20.0
合 计				90.0

8.4.3 自动加工单元流程规划

1）基本信息见表8-8。

表8-8 单元1基本信息

用户名称			
工件名称	电动机轴		
工件图号			
工件形状	回转体－最大直径		$\phi37mm$
工件质量	毛坯 1.6 ~ 2.8kg		
设备厂家			
加工设备型号	ZK8210S CK7150B 等		
加工设备系统	广州数控		

（续）

工件工序安排	OP10 + OP20 + OP30 + OP40
要求节拍	120s
生产线要求	
兼容要求	兼容多种工件

生产自动线总体布局由一台 ZK8210S、二台 CK7150B、一台加工中心、四台 R08 机器人、储料架、单元控制系统、输送带及辅助设备组成。

2）布局简图如图 8-43 所示。

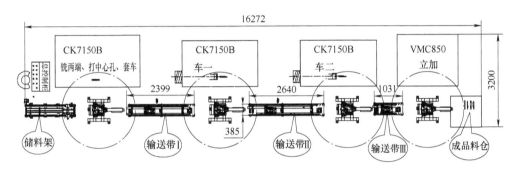

图 8-43　生产自动线总体布局简图

说明：储料架一次可放置 180 根棒料，可满足 3h 的连续加工；更换长度不同规格的棒料，无须调整。

3）加工单元标准配置及性能简述。针对客户工件加工工艺的分析，推荐使用 RB 系列机器人中的 RB08。本方案中采用在系统集成控制方式下的运行模式，在输送料道的配合下，完成零件的自动化加工。

8.4.4　单元加工设备配置

1. RB 系列机器人储料架及辅助装置配置

（1）储料架

1）堆放式储料架的结构及配置。自动线料架采用堆放式料架，在保证了上料精度的同时，更换加工不同直径零件种类时稍做调整，更换加工不同长度零件种类时无须调整。工人一次码料最短可满足 3h 加工（外观参考图如图 8-44 所示）。具体外形以实际图样为准。本产品为 GSK 专利产品。

2）堆放式储料架动作原理及过程。图 8-44 所示的堆放式储料架由电动机驱动，分料轮运行并将坯料带至机械手上

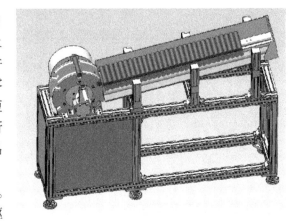

图 8-44　储料架

料位给机械手输料。动作过程如下：工人手动依次往料仓上码料，系统启动后分料轮转动将毛坯件运行至机械手上料位，传感器检测到机械手上料位有料时，电动机停转，定位气缸将毛坯件定位，等待机械手下来抓取零件。每抓取一个零件后，传感器检测不到有物料，即发出信号使分料轮转动一个料位，供机械手下次抓取，如果传感器 1min 内检测不到有料时电动机停转，并发出警示信号提醒工人往料仓内加料。整机设计有多重保护，安全可靠。

（2）输送带 I　零件在自动线上完成 OP10 工序（铣两端面）的加工后，要通过输送带 I 进入 OP20 工序。输送带 I 如图 8-45 所示。

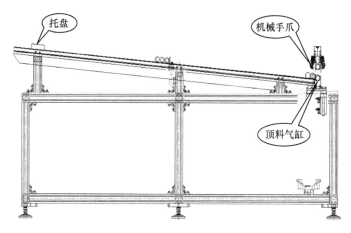

图 8-45　输送带 I

动作过程：机械手将 OP10 工序加工完的工件放置于输送带顶部的托盘内，传感器检测到托盘内有料时，气缸延时落下，工件沿滚道滚至顶料气缸处，传感器检测到该位置有料时，气缸顶起，顶部传感器检测到该位置有料时，定位气缸将工件定位，等待机械手下来抓取零件。每抓取一个零件后，传感器检测不到有物料，即发出信号使气缸重复顶起动作将零件顶起，供机械手下次抓取，如果传感器 2min 检测不到有料，发出警示信号提醒工人，3min 后自动关机，OP20 处的机床停止运行。整机设计有多重保护，安全可靠。

（3）输送带 II　零件在自动线上完成 OP20（车一工序）的加工后，要通过输送带 II 进入 OP30 工序。输送带 II 如图 8-46 所示。

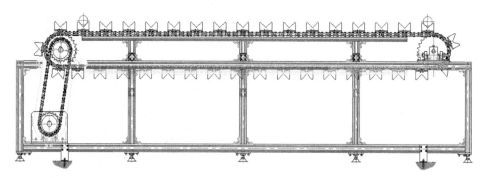

图 8-46　输送带 II

动作过程：机械手将 OP20 工序加工完的工件放置于左端输送带上，传感器检测到有料时，电动机运转输送带将工件送至机械手抓取位置，传感器检测到该位置有料时，发出信号，机械手落下抓取工件，每抓取一个零件后，传感器检测不到有物料时，即发出等待供料信号；当左端有料时，电动机即开始运转，进行下一个循环。如果传感器 3min 检测不到有料，发出警示信号提醒工人，3min 后自动关机，OP30 处的机床停止运行。整机设计有多重保护，安全可靠。

（4）输送带Ⅲ　零件在自动线上完成 OP30（车二工序）的加工后，要通过输送带进入 OP40 工序。结构和动作同输送带Ⅰ，不再赘述。

（5）吹气清理　吹气清理由废物箱 + 吹气机构组成，在完成 OP10、OP20、OP30 工序后，均需吹去工件上的铁屑，由机械手将工件移动至吹气工位进行吹气清理，废物箱由甲方提供，该工作由程序设置，不做特别说明。

2. 手爪配置

机械手夹持方式如图 8-47 所示。根据零件的重量、外形，自动线手爪选用台湾气动手爪。其优点是灵敏、可靠和环保。

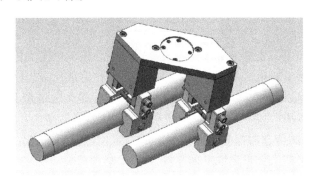

图 8-47　机械手夹持方式

3. 控制系统配置

1）大屏幕 LCD 或者触摸屏（由客户自由选择）。

2）采用高性能 X86CPU 作为硬件平台，处理速度快。

3）操作系统平台具有良好的开放性，方便第三方软件的集成。

4）提供二次开发接口，方便用户对具体功能的定制（用户可根据自身的要求，定制部分控制系统界面，实现人机交互的个性化）。

5）各工位控制功能支持独立 PLC 编程。

6）支持几十个工位，上千个 I/O 点的逻辑控制。

7）柔性化生产线控制，可将各个不同功能的生产线控制功能保存成特殊格式的文本文件，用户可根据具体情况选择当前产线控制功能的文件。

8）产线上 I/O 的实时监视和控制，支持远程监控。

9）图形化实际产线实物流程监控图形。

10）报警处理，历史信息记录，文件的上传与下载。

8.4.5　加工单元流程及节拍估算

1. 流程

1）工人手工往储料架料仓内码料至满仓，毛坯零件随分料轮行走至机械手上料位时，遇到传感器，电动机停转，待抓取零件停在机械手上料位，定位气缸将毛坯定位，然后料仓发出物料准备完成的信号，等待机器人Ⅰ来抓取毛坯零件。

2）机器人Ⅰ完成一个上料循环后，移动至上料位等待。当料仓发出物料准备完成的信号后，机械手下来抓取毛坯零件。

3）机器人Ⅰ抓取毛坯零件移动至OP10的机床上料区等待上料指令。等机床加工完成后，机床发出加工完成的信号，机床自动门打开，机械手下料手爪进入机床内部卸下加工完成的零件，然后旋转手腕，将毛坯对准机床卡盘之后给机床上料，两个动作完成后退出机床。

4）机器人Ⅰ将半成品件移动至吹气工位清理后再移至输送带Ⅰ左端的托盘上方，将零件放入托盘内退出。

5）工件沿滚道滚至输送带Ⅰ的顶料气缸处，顶料气缸处的传感器检测到有料信号后，气缸顶起，定位气缸将工件定位，然后发出物料准备完成的信号，等待机器人2来抓取毛坯零件。

6）机器人2从输送带Ⅰ上抓取零件移动至OP20机床上料区等待上料指令。等机床加工完成后，机床发出加工完成的信号，机床自动门打开，机械手进入机床内部下料手爪卸下加工完成的零件，之后上料机械手给机床上料，两个动作完成后退出机床。

7）机器人Ⅱ将半成品件移动至吹气工位清理后，再移至输送带Ⅱ左端的输送带上方，将零件放入输送带内退出。

8）输送带Ⅱ尾端的传感器检测到有料信号后，定位气缸将工件定位，然后发出物料准备完成的信号，等待机器人Ⅲ来抓取毛坯零件。

9）机器人Ⅲ从输送带Ⅱ上抓取零件移动至OP30机床上料区等待上料指令；等机床加工完成后，机床发出加工完成的信号，机床自动门打开，机械手进入机床内部下料手爪卸下加工完成的零件，之后上料机械手给机床上料，两个动作完成后退出机床。

10）机器人Ⅲ将成品件移动至吹气工位清理后再移动到输送带Ⅲ上方，将工件放入托盘内退出。

11）工件沿滚道滚至输送带Ⅲ的顶料气缸处，顶料气缸处的传感器检测到有料信号后，气缸顶起，定位气缸将工件定位，然后发出物料准备完成的信号，等待机器人Ⅳ来抓取零件。

12）机器人Ⅳ从输送带Ⅲ上抓取零件，装入加工中心的工装内，逐一装填工件，装满后退出并发出信号；加工中心加工完工件后发出信号，打开机床门，等机器人Ⅳ抓取工件。

13）机器人Ⅳ将加工完成的零件逐一放入成品料仓，完成一个工作循环。

2. 节拍估算

机械手初始位置：料架机械手上料位上方。

运行数据：

1）机械手移动速度约1m/s，影响节拍的主要是加工时间。

2）机床加工零件期间输送带可以运动，机械手可以抓取毛坯或工件，机床的加工时间足够机械手完成上料的准备时间。

3）机床换料时间为15~20s。

说明：以上时间仅供参考；机械手换料时间占用机床加工时间，其他时间与机床加工同时进行。

3. 加工单元产量分析

生产纲领按每月 26 天，每天 2 班 16h 计。按加工时间最久的 130SJT 零件计算，机械手换料时间 15s + 加工时间 90s/2 = 60s，也就是说在 60s 内，整线出 1 件成品。月产量 = 26 × 16 × 3600 × 82.3%/60 ≈ 20542 件。

如果产能更大，可建多个单元。

8.4.6 加工单元设备运行环境

此部分内容详见 8.3.6。

8.4.7 其他要求

1）相应的场地尺寸由甲方提供给乙方，乙方确认机床、机器人、输送带的相关布局及匹配。

2）机器人底座由甲方提供，乙方提供相关图样。

3）机器人需带中英文说明书及光盘一套。

4）乙方要向甲方提供一套完整加工单元技术资料（包括机器人安装、调试、电气和机械使用说明书，及关节机器人、储料架、输送带的电气原理图、梯形图、接线图及相关关节机械手外观图，储料架、输送带的机械装配图，易损零件图和目录）

5）对客户相关人员进行甲乙双方现场的两次技术培训，培训内容包括机器人及相关单元的机械电气的安装调试使用维护。

6）乙方需提供在甲方安装调试服务。

8.4.8 设施及安全

1）机床及机器人要求一级接地。

2）储料架、输送带 Ⅱ 要求一级接地。

3）加工单元须有安全围栏，安全围栏由甲方设计并制作。

思考与练习

1. 简述柔性加工的基本概念。
2. 简述柔性加工的基本特征。
3. 简述柔性加工的技术优点。
4. 端盖柔性加工工业机器人工作站单元主要设备有哪些？
5. 电动机轴柔性加工工业机器人工作站加工单元设备运行环境有哪些要求？
6. 编写一条平移机器人指令。
7. 柔性加工工业机器人工作站故障如何检测？
8. 柔性加工工业机器人工作站机床如何保养？

第9章

Chapter

工业机器人离线编程

9.1 离线编程基础知识

9.1.1 工业机器人离线编程概述

一般来讲，需要借用编程工具创建机器人可以识别的程序，并让机器人执行此程序以完成某项工作任务，这个过程就是机器人编程过程。

目前，企业采用的机器人编程方式有两种：示教编程与离线编程。

1. 示教编程

如果利用机器人示教器创建程序，这种方式叫作在线编程，即操作人员通过示教器或者手动控制机器人的关节运动，让机器人按照一定的轨迹运动，机器人控制器记录动作，并可根据指令自动重复该动作，如图 9-1 所示。

在线编程的优点是：操作简单易懂。缺点是：不适用于路径较为复杂的程序，而且占用资源，即在编程过程中机器人不能用于生产。

目前，机器人示教编程主要应用于对精度要求不高的任务，如搬运、码垛和喷涂等领域，其特点是轨迹简单，操作方便。如有些场景甚至不需要使用示教器，而是直接由人手执固定在机器人末端进行示教，如图 9-2 所示。当任务对精度要求较高时，示教编程无法满足。

2. 离线编程

利用离线编程三维软件创建机器人程序，这种方式叫作离线编程。通过软件在计算机里

图9-1　使用示教器示教编程

图9-2　手执喷枪进行喷涂示教

重建整个工作场景的三维虚拟环境，借助软件沿直线、圆、曲线等的动作指令控制机器人在虚拟环境里的运动，生成运动控制指令，再经过软件仿真与调整轨迹生成机器人程序，最后输入到机器人控制器中指挥机器人工作，如图9-3所示。

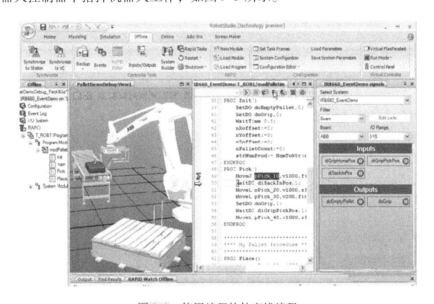

图9-3　使用编程软件离线编程

离线编程的特点是能够生成复杂的程序，同时不占用机器人资源。缺点是学习起来较为困难。目前离线编程广泛应用于打磨、去毛刺、焊接、激光切割和数控加工等机器人新兴应用领域。离线编程克服了在线示教编程的很多缺点，与示教编程相比（见表9-1），离线编程具有如下优点：

1）减少机器人停机的时间，当对下一个任务进行编程时，机器人可仍在生产线上工作。

2）使编程者远离危险的工作环境，改善了编程环境。

3）离线编程使用范围广，可以对各种机器人进行编程，并能方便地实现优化编程。

4）便于和CAD/CAM系统结合，做到CAD/CAM/ROBOTICS一体化。

5）可使用高级计算机编程语言对复杂任务进行编程。

6）便于修改机器人程序。

表9-1 示教编程与离线编程的比较

示 教 编 程	离 线 编 程
需要实际机器人系统和工作环境	需要机器人系统和工作环境的图形模型
编程时机器人停止工作	编程时不影响机器人工作
在实际系统上试验程序	通过仿真试验程序
编程的质量取决于编程者的经验	可用 CAD 方法进行最佳轨迹规划
难以实现复杂的机器人运行轨迹	可实现复杂运行轨迹的编程

随着智能制造的推进，企业通过建立工厂的虚拟数字模型来进行生产线规划、生产过程可视化管理，这些方式促进了机器人离线编程，因为机器人离线编程的第一步便是建立机器人系统的三维虚拟环境。借助智能制造的东风，机器人离线编程将取得进一步的发展。

9.1.2 机器人离线编程相关知识

1. 离线编程主要流程

机器人离线编程不仅要在计算机上建立起机器人系统的物理模型，而且要对其进行编程和动画仿真，以及对编程结果进行后置处理。其一般流程如图9-4所示。

首先建立待加工产品的 CAD 模型，以及机器人和产品之间的几何位置关系；然后根据特定的工艺进行轨迹规划和离线编程仿真，确认无误后下载到机器人控制中执行。目前，有些机器人厂商提供机器人的三维模型数据库，用户可以根据需要下载，如 DELMIA 就拥有400 种以上的机器人资源。

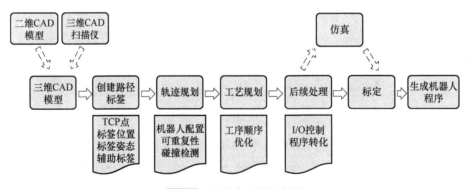

图9-4 离线编程关键步骤

2. 离线编程主要概念

（1）TCP 点

1）工具中心点（Tool Center Point，TCP）是机器人运动的基准，又称机器人控制点。

2）机器人的工具坐标系是以工具中心点 TCP 为原点建立的坐标系。

3）当机器人夹具被更换，重新定义 TCP 后，可以不更改程序，直接运行。但是当安装新夹具后，就必需重新定义工具坐标系了，否则会影响机器人的稳定运行。

4）系统自带的 TCP 坐标原点在第六轴的法栏盘中心，垂直方向为 Z 轴，符合右手法则。

注意：在设置 TCP 坐标的时候一定要把机器人的操作模式调到"手动限速模式"。

（2）标签 标签是指机器人在确定加工路径或确定轨迹等指定的有一定代表性的点，引导加工或轨迹的形成，也有的用于误差校对及标记目标点中。

（3）标定 机器人标定是离线编程技术实用化的关键技术之一，标定（Calibration）即为校准的意思。通过标定可以将机器人的位姿误差大幅度降低，进而将机器人的绝对精度提高到重复精度的水平。所谓标定就是应用先进的测量手段和基于模型的参数识别能力，辨识出机器人模型的准确参数，从而提高机器人绝对精度的过程。标定的结果是一组被识别的机器人参数，这些参数可以供机器人生产厂家作为产品质量检验指标，也可以为用户提高机器人的绝对精度。标定是建模、测量、参数识别和误差补偿几个步骤的集成过程，通常包括如下几个步骤：

1）建立一个准确代表实际参数的机器人运动学模型。

2）用已知精度的测量装置测量出机器人的特定位姿。

3）引入参数识别的算法。

4）对原有的机器人运动学模型进行修正。

一般在离线编程完成，经仿真操作成功后，需要对工具坐标系和工件坐标系进行标定，才能导出程序应用到实际工作中，并需对加工路径做进一步的补偿校正，以保证机器人的绝对精度。

（4）位姿 位姿是指机器人的位置与姿态，一般指工具 TCP 点与腕部法兰盘中心点的位置关系和因机器人关节的转动而形成的工具的不同姿态（相对机器人基准坐标）。

3. 离线编程系统构成

一般说来，机器人离线编程系统包括传感器、机器人系统 CAD 建模、离线编程、图形仿真、人机界面以及后置处理等主要模块，如图 9-5 所示。

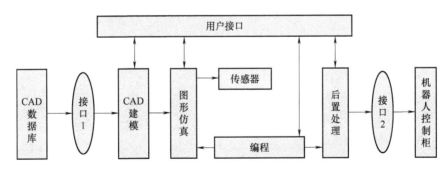

图 9-5 机器人离线编程的组成

（1）CAD 建模 CAD 建模需要完成零件建模、设备建模、系统设计和布置、几何模型图形处理几大任务。因为利用现有的 CAD 数据及机器人理论结构参数所构建的机器人模型与实际模型之间存在着误差，所以必须对机器人进行标定，对其误差进行测量、分析及不断校正所建模型。随着机器人应用领域的不断扩大，机器人作业环境的不确定性对机器人作业任务有着十分重要的影响，固定不变的环境模型是不够的，极可能导致机器人作业失败。因此，如何对环境的不确定性进行抽取，并以此动态修改环境模型，是机器人离线编程系统实用化的一个重要问题，如图 9-6 所示。

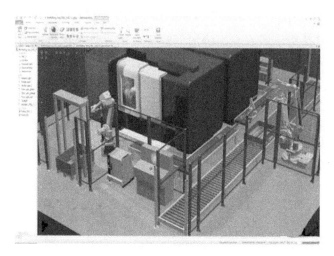

图 9-6 在软件里重建整个工作场景的三维虚拟环境

（2）图形仿真 离线编程系统的一个重要作用是离线调试程序，而离线调试最直观有效的方法是在不接触实际机器人及其工作环境的情况下，利用图形仿真技术模拟机器人的作业过程，提供一个与机器人进行交互作用的虚拟环境。计算机图形仿真是机器人离线编程系统的重要组成部分，它将机器人仿真的结果以图形的形式显示出来，直观地显示出机器人的运动状况，从而可以得到从数据曲线或数据本身难以分析出来的许多重要信息，离线编程的效果正是通过这个模块来验证的。

随着计算机技术的发展，在 PC 的 Windows 平台上可以方便地进行三维图形处理，并以此为基础完成 CAD、机器人任务规划和动态模拟图形仿真。一般情况下，用户在离线编程模块中为作业单元编制任务程序，经编译连接后生成仿真文件。在仿真模块中，系统解释控制执行仿真文件的代码，对任务规划和路径规划的结果进行三维图形动画仿真，模拟整个作业的完成情况，检查发生碰撞的可能性及机器人的运动轨迹是否合理，并计算机器人的每个工步的操作时间和整个工作过程的循环时间，为离线编程结果的可行性提供参考，如图 9-7 所示。

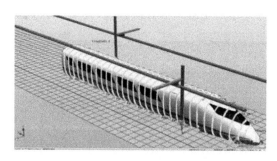

图 9-7 机器人离线编程图形仿真

（3）编程 编程模块一般包括：机器人及设备的作业任务描述（包括路径点的设定）、建立变换方程、求解未知矩阵及编制任务程序等。在进行图形仿真以后，根据动态仿真的结果，对程序做适当的修正，以达到满意效果，最后在线控制机器人运动以完成作业。

面向任务的机器人编程是高度智能化的机器人编程技术的理想目标——使用最合适于用户的类自然语言形式描述机器人作业，通过机器人装备的智能设施实时获取环境的信息，并进行任务规划和运动规划，最后实现机器人作业的自动控制。面向对象机器人离线编程系统所定义的机器人编程语言把机器人几何特性和运动特性封装在一块，并为之提供了通用的接口。基于这种接口，可方便地与各种对象，包括传感器对象打交道。由于语言能对几何信息直接进行操作且具有空间推理功能，因此它能方便地实现自动规划和编程。此外，还可以进一步实现对象化任务级编程语言，这是机器人离线编程技术的又一大提高。

（4）传感器　近年来，随着机器人技术的发展，传感器在机器人作业中起着越来越重要的作用，对传感器的仿真已成为机器人离线编程系统中必不可少的一部分，并且也是离线编程能够实用化的关键。利用传感器的信息能够减少仿真模型与实际模型之间的误差，增加系统操作和程序的可靠性，提高编程效率。对于有传感器驱动的机器人系统，由于传感器产生的信号会受到多方面因素的干扰（如光线条件、物理反射率、物体几何形状以及运动过程的不平衡性等），使得基于传感器的运动不可预测。传感器技术的应用使机器人系统的智能性大大提高，机器人作业任务已离不开传感器的引导。因此，离线编程系统应能对传感器进行建模，生成传感器的控制策略，对基于传感器的作业任务进行仿真。

（5）后置处理　后置处理的主要任务是把离线编程的源程序编译为机器人控制系统能够识别的目标程序。即当作业程序的仿真结果完全达到作业的要求后，将该作业程序转换成目标机器人的控制程序和数据，并通过通信接口输入到目标机器人控制柜，驱动机器人去完成指定的任务。由于机器人控制柜的多样性，要设计通用的通信模块比较困难，因此一般采用后置处理将离线编程的最终结果翻译成目标机器人控制柜可以接受的代码形式，然后实现加工文件的上传及下载。机器人离线编程中，仿真所需数据与机器人控制柜中的数据是有些不同的，所以离线编程系统中生成的数据有两套：一套供仿真用；一套供控制柜使用。这些都是由后置处理进行操作的。

4. 离线编程系统关键技术及理论

机器人离线编程系统正朝着集成的方向前进，其中包含了多个领域中的多个学科，为推动这项技术的进一步发展，以下几个方面的技术是关键：

1）多传感器融合技术的建模与仿真。随着机器人智能化的提高，传感器技术在机器人系统中的应用越来越重要，因而需要在离线编程系统中对多传感器进行建模，实现多传感器的通信，执行基于多传感器的操作。

2）错误检测和修复技术。系统执行过程中发生错误是难免的，应对系统的运行状态进行检测以监视错误的发生，并采用相应的修复技术。

3）各种规划算法的进一步研究，其包括路径规划、放置规划和微动规划等。规划一方面要考虑到环境的复杂性、连续性和不确定性，另一方面又要充分注意计算的复杂性。

4）通用有效的误差标定技术，已应用于各种实际应用场合的机器人的标定。

5）具体应用的工艺支持。如弧焊，作为离线编程应用比较困难的领域，不只是姿态、轨迹的问题，而且需要更多的工艺方面的研究以及相应的专家系统。

5. 离线编程误差

目前离线程序在使用过程中遇到最大的问题就是误差。误差的来源主要有两种：第一种是外部误差，包括机器人和工装的安装误差，工装的加工误差等；第二种是内部误差，即机器人本体在加工制造时产生的误差。

外部误差通常是由安装误差造成的，现场安装时在划线、打孔过程中常常会出现偏差，这就造成了现场的安装尺寸不能和图样尺寸完全吻合。

内部误差是在机器人加工制造过程中产生的，机器人各个轴的外形尺寸加工时会出现不同，机器人内部齿轮啮合时的间隙不同，这些情况会造成实际机器人运行的轨迹和仿真软件中的轨迹不一致，从而导致离线程序在现场应用时出现偏差。

误差不能避免，只能采用一定的手段减小。不同的厂商对于减小误差有不同的解决方案。以安川 Motocalv 离线编程软件为例，它提供了两种减小误差的方式，分别是安装误差校准、用户坐标系校准法。

（1）安装误差校准 Motocalv 进行安装误差校准的原理是在仿真软件中工件的三个特征位置生成一个三点程序，然后在现场工件上同样三个位置生成一个三点程序，程序点顺序和软件中相同。通过这两个程序、机器人系统参数和工具尖端点数据，可计算得到现场和软件中工件与机器人相对位置差值。用这个差值去补偿离线程序，缩小偏差。

这种方法需要到现场示教校准程序，输入计算机，计算误差，补偿离线程序之后再输入机器人，操作步骤较多，比较麻烦。

（2）用户坐标系校准法机器人具有多个坐标系，其中一个是机器人坐标系，另一个是用户坐标系。机器人的程序有脉冲程序和坐标系程序。安川机器人的程序是记录机器人各个轴伺服电动机的脉冲值，与机器人的工具坐标系、用户坐标系无关，可称为脉冲程序。机器人坐标系程序记录机器人的工具尖端点相对于某一个坐标系（机器人坐标系、用户坐标系等）的距离和角度。其中，脉冲程序记录的程序点姿态是唯一的，坐标系程序记录的程序点具有不确定性。但是，坐标系程序可以随着程序关联的坐标系改变而自动改变，方便离线编程的现场运用。

将机器人的脉冲程序转变为用户坐标系程序之后，机器人工具尖端点与用户坐标系之间的距离和角度保持不变，用户坐标系的位置可以通过示教确定。借助这个特点，可以使用用户坐标系程序校准机器人和夹具安装过程中产生的误差。

9.1.3 常见工业机器人离线编程软件

1. RobotSmart

RobotSmart 是一款国产的基于广州数控工业机器人离线编程仿真软件，是在 UG10.0（Unigraphics NX）基础上二次开发的编程软件，无缝集成了机器人编程、仿真和代码生成功能，可以按照产品数模，生成程序，适用于切割、铣削、焊接和喷涂等。独家的优化功能，运动学规划和碰撞检测非常精确，支持外部轴（直线导轨系统、旋转系统），并支持复合外部轴组合系统。RobotSmart 教育版的界面如图 9-8 所示。

图 9-8 RobotSmart 教育版的界面

UG10.0（Unigraphics NX）是 Siemens PLM Software 公司出品的一个产品工程解决方案，它为用户的产品设计及加工过程提供了数字化造型和验证手段，是一个交互式 CAD/CAM（计算机辅助设计与计算机辅助制造）系统，它功能强大，目前已经成为模具行业三维设计的一个主流应用。

RobotSmart 各版本的基本功能配置如图 9-9 所示。

功能	版本			
	试用版	教育版	企业版	定制版
工件位置标定	√	√	√	√
虚拟示教	√	√	√	√
轨迹生成	√	√	√	√
姿态编辑	√	√	√	√
工具添加	×	√	√	√
外部轴支持	×	×	√	√
多机器人支持	×	×	√	√
多工艺支持	×	×	√	√
输出离线程序	√	√	√	√
在线控制	×	×	×	√

图 9-9　基本功能配置

2. Robotmaster

Robotmaster 由加拿大软件公司 Jabez 科技（已被美国海宝收购）开发研制，支持市场上绝大多数机器人品牌（KUKA、ABB、FANUC、Motoman、Staubli、珂玛、三菱、DENSO 和松下等）。Robotmaster 基于 Mastercam 二次开发，在 Mastercam 中无缝集成了机器人编程、仿真和代码生成功能，提高了机器人编程速度。Robotmaster 为行业应用提供了理想的离线机器人编程解决方案。

优点：

1）CAD/CAM 文件自动生成优化的轨迹。

2）自动解决奇点、碰撞、连接和范围限制问题。

3）独特的"点击拖拽"仿真环境，微调轨迹和过渡。

4）优化部件定位、工具倾斜度和有效控制外部轴。

5）针对可定制特定流程（如焊接、切割等）控制的应用屏幕。

缺点：暂时不支持多台机器人同时模拟仿真。

3. RobotWorks

RobotWorks 是来自以色列的机器人离线编程仿真软件，基于 SolidWorks 二次开发，主要功能为：

1）全面的数据接口。可通过 IGES、DXF、DWG、PrarSolid、Step、VDA 和 SAT 等标准接口进行数据转换。

2）强大的编程能力。从输入 CAD 数据到输出机器人加工代码只需四步。

第一步：从 SolidWorks 创建或直接导入其他三维 CAD 数据，选取定义好的机器人工具与要加工的工件组合成装配体。所有装配夹具和工具客户均可以用 SolidWorks 自行创建调用。

第二步：RobotWorks 选取工具，然后直接选取曲面的边缘或者样条曲线进行加工产生数据点。

第三步：调用所需的机器人数据库，开始做碰撞检查和仿真，在每个数据点均可以自动修正，包含工具角度控制，引线设置，增加减少加工点，调整切割次序，在每个点增加工艺参数。

第四步：RobotWorks 自动产生各种机器人代码，包含笛卡儿坐标数据、关节坐标数据、工具与坐标系数据和加工工艺等，按照工艺要求保存不同的代码。

3) 强大的工业机器人数据库。系统支持市场上主流的大多数的工业机器人，提供各大工业机器人各个型号的三维数模。

4) 完美的仿真模拟。独特的机器人加工仿真系统可对机器人手臂、工具与工件之间的运动进行自动碰撞检查，轴超限检查，自动删除不合格路径并调整，还可以自动优化路径，减少空跑时间。

5) 开放的工艺库定义。系统提供了完全开放的加工工艺指令文件库，用户可以按照实际需求自行定义添加设置独特工艺，添加的任何指令都能输出到机器人加工数据里面。

优点：生成轨迹方式多样、支持多种机器人、支持外部轴。

缺点：RobotWorks 基于 SolidWorks 开发，SolidWorks 本身不带 CAM 功能，编程烦琐，机器人运动学规划策略智能化程度低。

4. Robcad

Robcad 是西门子旗下的软件，软件相当庞大，重点在生产线仿真。软件支持离线点焊、多台机器人仿真、非机器人运动机构仿真和精确的节拍仿真。Robcad 主要应用于产品生命周期中的概念设计和结构设计两个前期阶段。

Robcad 的主要特点：

1) 与主流的 CAD 软件（如 NX、CATIA 和 IDEAS）无缝集成。

2) 实现工具工装、机器人和操作者的三维可视化。

3) 制造单元、测试以及编程的仿真。

Robcad 的主要功能：

1) WorkcellandModeling。对白车身（Body-in-White）生产线进行设计、管理和信息控制。

2) SpotandOLP。完成点焊工艺设计和离线编程。

3) Human。实现人因工程分析。

4) Application 中的 Paint、Arc 和 Laser 等模块。实现生产制造中喷涂、弧焊、激光加工和绳边等工艺的仿真验证及离线程序输出。

5) Robcad 的 Paint 模块。喷漆的设计、优化和离线编程，其功能包括：喷漆路线的自动生成、多种颜色喷漆厚度的仿真和喷漆过程的优化。

缺点：价格昂贵，离线功能较弱，Unix 移植过来的界面，人机界面不友好。

5. DELMIA

DELMIA 是达索旗下的 CAM 软件，是达索 PLM 的子系统，CATIA 是达索旗下的 CAD 软件。DELMIA 有 6 大模块，Robotics 解决方案只是其中之一，涵盖汽车领域的发动机、总装和白车身，航空领域的机身装配、维修维护，以及一般制造业的制造工艺。

DELMIA 的机器人模块 Robotics 利用强大的 PPR 集成中枢快速进行机器人工作单元建立、仿真与验证，是一个完整的、可伸缩的、柔性的解决方案。使用 DELMIA 机器人模块，用户能够容易地进行以下操作：

1）从可搜索的含有超过 400 种以上的机器人的资源目录中，下载机器人和其他的工具资源。

2）利用工厂布置规划工程师所完成的工作。

3）加入工作单元中工艺所需的资源进一步细化布局。

缺点：DELMIA 属于专家型软件，操作难度太高。

6. RobotStudio

RobotStudio 是瑞士 ABB 公司配套的软件，是机器人本体商中软件做得最好的一款。RobotStudio 支持机器人的整个生命周期，使用图形化编程、编辑和调试机器人系统来创建机器人的运行，并模拟优化现有的机器人程序。

RobotStudio 包括如下功能：

1）CAD 导入。可方便地导入各种主流 CAD 格式的数据，包括 IGES、STEP、VRML、VDAFS、ACIS 及 CATIA 等。机器人程序员可依据这些精确的数据编制精度更高的机器人程序，从而提高产品质量。

2）AutoPath 功能。该功能通过使用待加工零件的 CAD 模型，仅在数分钟之内便可自动生成跟踪加工曲线所需要的机器人位置（路径），而这项任务以往通常需要数小时甚至数天。

3）程序编辑器。可生成机器人程序，使用户能够在 Windows 环境中离线开发或维护机器人程序，可显著缩短编程时间、改进程序结构。

4）路径优化。如果程序包含接近奇异点的机器人动作，RobotStudio 可自动检测出来并发出报警，从而防止机器人在实际运行中发生这种现象。仿真监视器是一种用于机器人运动优化的可视工具，红色线条显示可改进之处，以使机器人按照最有效方式运行。可以对 TCP 速度、加速度、奇异点或轴线等进行优化，缩短周期时间。

5）可达性分析。通过 Autoreach 可自动进行可到达性分析，使用十分方便，用户可通过该功能任意移动机器人或工件，直到所有位置均可到达，在数分钟之内便可完成工作单元平面布置验证和优化。

6）虚拟示教台。虚拟示教台是实际示教台的图形显示，其核心技术是 VirtualRobot。从本质上讲，所有可以在实际示教台上进行的工作都可以在虚拟示教台（QuickTeach TM）上完成，因而是一种非常出色的教学和培训工具。

7）事件表。一种用于验证程序的结构与逻辑的理想工具。程序执行期间，可通过该工具直接观察工作单元的 I/O 状态。可将 I/O 连接到仿真事件，实现工位内机器人及所有设备的仿真。该功能是一种十分理想的调试工具。

8）碰撞检测。碰撞检测功能可避免设备碰撞造成的严重损失。选定检测对象后，RobotStudio 可自动监测并显示程序执行时这些对象是否会发生碰撞。

9）VBA 功能。可采用 VBA 改进和扩充 RobotStudio 功能，根据用户具体需要开发功能强大的外接插件、宏，或定制用户界面。

10）直接上传和下载。整个机器人程序无需任何转换便可直接下载到实际机器人系统，该功能得益于 ABB 独有的 VirtualRobot 技术。

缺点就是只支持 ABB 公司的机器人。

7. RoboMove

RoboMove 来自意大利，因其公司名叫 QD，有时也直接称为 QD，同样支持市面上大多数品牌的机器人，机器人加工轨迹由外部 CAM 导入。与其他软件不同的是，RoboMove 走的是私人定制路线。软件本身不带轨迹生成能力，只支持轨迹导入功能，需要借助 CATIA 或 UG 等 CAD 软件生成轨迹，然后由 RoboMove 来仿真。

缺点：需要操作者对机器人有较为深厚的理解，策略智能化程度与 Robotmaster 有较大差距。

8. RobotArt

RobotArt 是北京华航唯实出的一款国产离线编程软件。软件根据虚拟场景中的零件形状，自动生成加工轨迹，并且支持大部分主流机器人，如 ABB、KUKA、FANUC、Yaskawa、Staubli、KEBA 系列、新时达和广州数控等。软件根据几何数模的拓扑信息生成机器人运动轨迹，轨迹仿真、路径优化和后置代码，同时集碰撞检测、场景渲染和动画输出于一体，可快速生成效果逼真的模拟动画。强调服务，重视企业订制。资源丰富的在线教育系统，非常适合学校教育和个人学习。

优点：

1）支持多种格式的三维 CAD 模型，可导入扩展名为 step、igs、stl、x_t、prt、CATPart 和 sldpart 等格式。

2）自动识别与搜索 CAD 模型的点、线、面信息生成轨迹。

3）轨迹与 CAD 模型特征关联，模型移动或变形，轨迹自动变化。

4）一键优化轨迹与几何级别的碰撞检测。

5）支持将整个工作站仿真动画发布到网页、手机端。

缺点：软件不支持外国小品牌机器人，轨迹编程还需要再强大。

9. PowerMill Robot

PowerMILL 机器人模块，支持包括 KUKA、ABB、FANUC、Motoman 和 Staubli 在内的众多知名品牌的机器人。PowerMILL 机器人模块能让多达 8 轴的机器人编程和 5 轴 NC 编程一样简单。PowerMILL 机器人模块可应用于石雕、木雕、泡沫塑料和树脂模型加工、所有类型材料的修边倒角、等离子切割、激光切割、准确连续的弧焊、激光喷镀、涡轮叶片和喷气式叶片修复、复杂 3D 工件的无损测量和喷涂等领域。

优点：

1）很高的灵活性和适应性。

2）在一个单独的应用程序中进行全机器人编程和仿真。

3）精确的 3D 仿真，真实显示手柄动作。

10. 其他离线编程软件厂商

厂家专用离线编程软件厂商还有 FANUC 的 ROBOGUIDE、KUKA 的 KUKA Sim，Yaska-wa 的 MotoSim。这类专用型离线编程软件，优点和缺点都很类似且明显。因为都是机器人本体厂家自行或者委托开发，所以能够拿到底层数据接口，开发出更多功能，软件与硬件通信更流畅自然。所以，软件的集成度很高，都有相应的工艺包。缺点就是只支持本公司品牌机器人，机器人间的兼容性很差。

9.1.4　机器人离线编程现状及趋势

1. 机器人离线编程现状

机器人离线编程国外研究起步较早，已拥有商品化的离线编程系统，Robotmaster 是行业领导者，最具通用性；SIEMENS 的 Robcad 在汽车生产中占有统治地位；四大机器人家族的专用离线编程软件占据了中国机器人产业 70% 以上的市场份额，几乎垄断了机器人制造、焊接等高端领域。

国内许多大学和公司都有过离线编程的成功实验，如天津大学利用 UG 的二次开发实现了机器人和变位机的离线编程系统，哈尔滨工业大学研究出一种任务级上的离线编程系统，南京理工大学研究完成了 SK6 机器人的 AWOPS 软件系统，上海交通大学研究了在 PC 机上的可交互的离线编程和三维可视化仿真系统，东南大学研究了具有三维可视化功能的喷涂机器人离线编程系统等。奇瑞公司机器人项目组也在离线编程方面取得一定进展，可对机器人生产过程仿真。

2. 机器人编程趋势

随着视觉技术、传感技术、智能控制、网络和信息技术以及大数据等技术的发展，未来的机器人编程技术将会发生根本的变革，主要表现在以下几个方面：

1）编程会变得简单、快速、可视、模拟和仿真立等可见。

2）基于视觉、传感、信息和大数据技术，感知、辨识、重构环境和工件等的 CAD 模型，自动获取加工路径的几何信息。

3）基于互联网技术实现编程的网络化、远程化和可视化。

4）基于增强现实技术实现离线编程和真实场景的互动。

5）根据离线编程技术和现场获取的几何信息自主规划加工路径、焊接参数并进行仿真确认。

不远的将来，传统的在线示教编程将只在很少的场合应用，比如空间探索、水下和核电等。离线编程技术将会得到进一步发展，并与 CAD/CAM、视觉技术、传感技术，互联网、大数据和增强现实等技术深度融合，自动感知、辨识和重构工件和加工路径等，实现路径的自主规划，自动纠偏和自适应环境。

9.2　RobotSmart 离线编程软件基本知识

9.2.1　RobotSmart 的安装

RobotSmart 离线编程软件基于西门子公司的 NX UG 三维 CAD/CAE/CAM 软件平台。在安装使用本软件之前，应确认安装了 UG NX 10.0 或以上版本。

1. 安装方法

1）打开 RobotSmart 文件夹/install/，先装 net4.0.exe，再装 vc_redist.2015.x64.exe，最后将 dog/所有文件复制到 c:/windows/system32/即可。

2）打开插件 RobotSmart 文件夹/RobotSmart.exe（双击也可），亦可发送此文件到桌面快捷形式。

2. 安装注意事项

1）确认系统 UG NX 版本为 NX 10.0.3.5，如版本过低，升级到该版本及以上。

2）添加 Windows 安装 vc_redist.2015.x64 驱动程序，如果是 32 位则安装 vc_redist.2015.x86。

3）运行软件 RobotSmart.exe 即可启动程序，也可以添加 RobotSmart 桌面快捷方式。

9.2.2 RobotSmart 的基本操作

1. 工程建立

RobotSmart 界面简单友好，全中文显示，完美兼容 UG NX 界面，符合客户使用习惯，如图 9-10 所示。在主菜单、资源列表区和工作区可以完成整个工程的新建、编辑和保存。

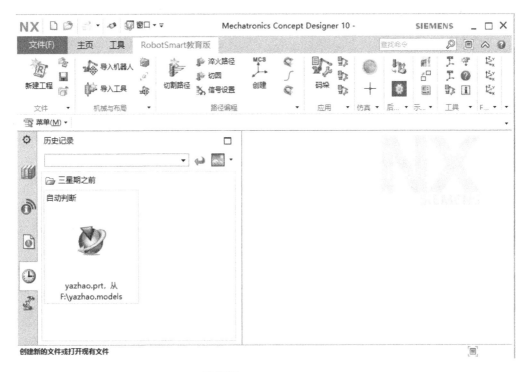

图 9-10　RobotSmart 界面

2. 轨迹编程

RobotSmart 环境使用户能够轻松、直观地控制机器人。用户可以通过拖动关节角度条设置关节运动，可以利用虚拟示教器实现直角坐标系运动，也可以拖动机器人三维 TCP框架实现复合运动，如图 9-11 所示。RobotSmart 完美地结合了 NX 的 CAD/CAM 编程工具以及敏越科技独特的机器人优化控制算法，能迅速创建机器人轨迹，消除了耗时的手动示教过程。

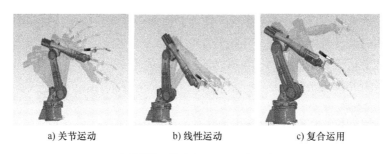

a) 关节运动	b) 线性运动	c) 复合运用

图 9-11 仿真机器人三种运动

3. 笛卡儿直角坐标系运动

具有点动和连续运动的功能，可实现超限报警显示，能完美地实现 ABB、KUKA、Motoman、FANUC 和 Staubli 机器人真实示教器不同的显示方式，便于虚拟操作和新手入门学习，如图 9-12 所示。三维 TCP 框架，实现机器人任意位置拖动，方便客户编程示教，如图 9-13 所示。

图 9-12 虚拟示教功能

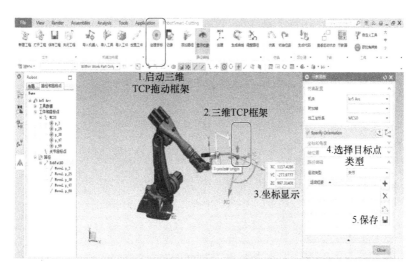

图 9-13 三维 TCP 拖动框架功能

笛卡儿坐标系（Cartesian coordinates）就是直角坐标系和斜角坐标系的统称。

相交于原点的两条数轴，构成了平面放射坐标系。如果两条数轴上的度量单位相等，则称此放射坐标系为笛卡儿坐标系。两条数轴互相垂直的笛卡儿坐标系，称为笛卡儿直角坐标系，否则称为笛卡儿斜角坐标系。

4. 编辑修改功能

为适应多种工况，RobotSmart 设置了完善的编辑修改功能，如多种工件标定方式具有单点标定、两点标定和三点标定方式，实现实际工件和虚拟工作站完美对应，如图 9-14 所示。同时支持三点新建工作坐标系的标定方式，和其他主流软件和机器人主机厂家兼容，符合客户操作习惯。

a) 单点标定　　　　b) 两点标定　　　　c) 三点标定

图 9-14　工件标定

再如位姿修改功能，RobotSmart 有旋转和偏移两种位姿修改功能，如图 9-15、图 9-16 所示。

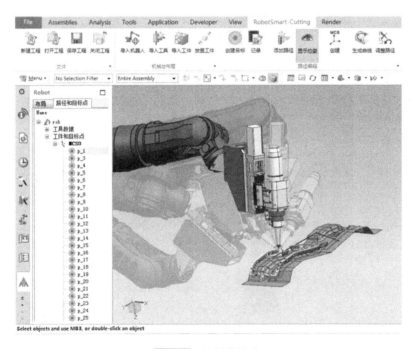

图 9-15　旋转位姿点

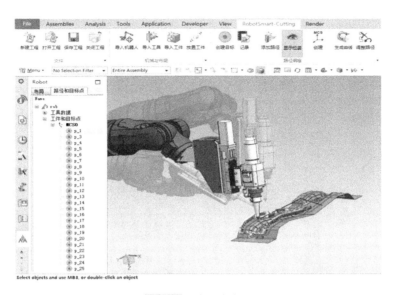

图 9-16 偏移位姿点

9.2.3 RobotSmart 的基本应用

1. 多种应用环境

（1）切割应用 切割是板材加工的重要加工方法，常见的有激光切割、线切割和水切割等。机器人切割主要应用于激光切割领域，对机器人运行轨迹精度的要求比较高，如图 9-17a 所示。

（2）表面淬火应用 表面淬火的目的在于获得高硬度、高耐磨性的表面，而心部仍然保持原有的良好韧性，常用于机床主轴、齿轮和发动机的曲轴等。表面淬火是将钢件的表面层淬透到一定的深度，而心部分仍保持未淬火状态的一种局部淬火方法。表面淬火时通过快速加热，使钢件表面很快到达淬火温度，在热量来不及传到工件心部就立即冷却，实现局部淬火。表面淬火采用的快速加热方法有电感应、火焰、电接触和激光等，机器人主要用于火焰、激光等表面淬火加工，如图 9-17b 所示，对机器人运行轨迹及定位精度都有一定的要求。

（3）雕刻应用 雕刻是指把木材、石头或其他材料切割或雕刻成预期的形状的加工方法。常用的工具有刀、錾子、圆錾、圆锥、扁斧和锤子。机器人应用到雕刻行业越来越广泛，使得雕刻作品实现批量、标准化生产。雕刻机器人对机器人的定位及位姿调整等要求比较高，如图 9-17c 所示。

（4）切削应用 切削加工是指用切削工具（包括刀具、磨具和磨料）把坯料或工件上多余的材料层切去，使工件获得规定的几何形状、尺寸和表面质量的加工方法。切削加工是机器人应用最广泛的一种应用场景，对机器人的轨迹、定位精度、节拍及稳定性等都有一定的要求，如图 9-17d 所示。

（5）打磨应用 打磨实际上是切削加工的一种，由于其对打磨力度、打磨时间要求比较高，人工操作劳动强度大、难度大，所以，越来越多的企业采取用机器人进行打磨加工，如图 9-17e 所示。

（6）喷涂　喷涂是通过喷枪或碟式雾化器，借助压力或离心力，分散成均匀而微细的雾滴，施涂于被涂物表面的涂装方法。喷涂的主要问题是高度分散的漆雾和挥发出来的溶剂，既污染环境，不利于人体健康，又浪费涂料，造成经济损失。机器人代替人工进行喷涂可大大提高喷涂效率和质量，避免有毒物对人的伤害。所以，喷涂行业也是机器人应用非常广泛的场景，如图9-17f所示。

除此之外，焊接、冲压等行业也是机器人应用很广泛的场景，主要对机器人的运行轨迹精度、定位精度、位姿调整和动作节拍等提出一定的要求，离线编程软件在应用中把解决这些问题作为重点。

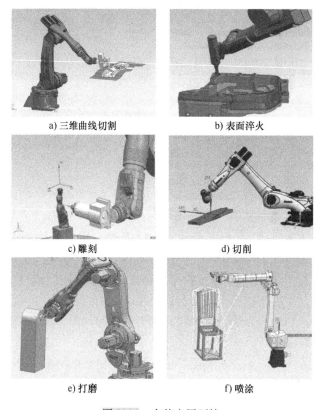

a) 三维曲线切割　　　　　　　　b) 表面淬火

c) 雕刻　　　　　　　　　　　d) 切削

e) 打磨　　　　　　　　　　　f) 喷涂

图9-17　多种应用环境

2. 离线编程基本步骤

1）新建工程。

2）导入机器人。

3）导入工具。

4）导入工件并调整工件。

5）生成工件轨迹。工件标放置完成后，需要根据工艺要求，从工件模型中生成机器人轨迹。

6）添加路径。选择前一步生成的曲线或者工件中已存在的曲线作为机器人的路径，并进行相应的设置。

7）计算。当轨迹生成并设置好后，需要进行计算，进行运动求解，进行碰撞检测和奇异点检测，找到最优解。

8）仿真。

9）生成代码。

9.3 RobotSmart 离线编程软件基本操作

9.3.1 软件界面

软件主界面由菜单栏和工具区界面组成，如图9-18所示。软件界面分为菜单栏、列表区域、显示区域和辅助工具条。菜单栏包括"文件""机械与布局""路径编程""仿真""后处理""示教""单工具"七个主菜单，列表区域有"布局选项卡"和"路径和目标点"选项卡，"布局"选项卡是显示工作站的机器人、工具和工件的机械位置。"路径和目标点"是显示机器人路径和路径中的目标点集合。"显示区域"显示的是机器人和工具的实时位置，软件的主要信息和交互操作在该界面中体现。"辅助工具条"显示的是实体特征元素捕捉、隐藏显示等功能。

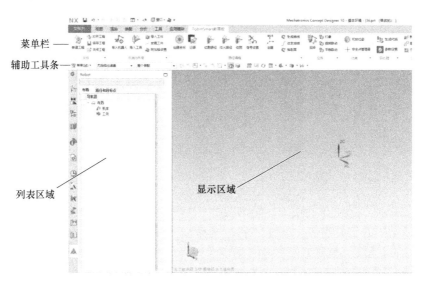

图9-18 RobotSmart 软件界面

9.3.2 主菜单

1. "文件"菜单

（1）新建工程 双击"新建工程"菜单，可以执行新建工程命令。"新建工程"用于新建工作站。工作站包括机器人、工具、工件和工艺等信息。通过新建工程向导设置工程的名称以及工程的存放位置。

（2）打开工程 双击"打开工程"菜单，可以执行打开工程命令。"打开工程"用于打开已存在的工作站，通过打开工程向导选择要打开工程的存放位置。

（3）保存工程　"保存工程"用于保存现有的工程，将工作站最新的修改保存到工程文件中。

（4）关闭工程　双击"关闭工程"菜单，可以执行"关闭工程"命令。

2. "机械与布局"菜单

（1）导入机器人　从系统机器人库中导入特定的机器人，在图 9-19 所示的对话框中，可以从机器人列表中选择特定的机器人，在导入机器人的时候，可以在设置区域设置机器人的底座坐标和方向，设置完成后，输入机器人的名称，即可完成机器人导入操作。

（2）导入工具　"导入工具"是从系统工具库中导入特定的工具，如图 9-20a 所示的对话框中，可以从工具库中选择特定的机器人工具，安装在机器人腕部。

（3）导入工件　"导入工件"是从文件夹中导入特定的工件，如图 9-20b 所示的对话框中，可以从文件夹中选择特定的工件，可以选择工件放置的位置。

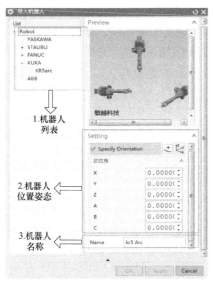

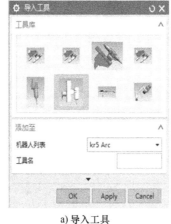
a) 导入工具

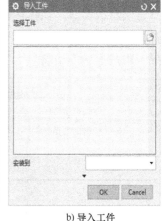
b) 导入工件

图 9-19　"导入机器人"对话框　　　　图 9-20　"导入工具""导入工件"对话框

（4）放置工件　用于在创建工作站的过程中放置工件，使虚拟工作站模型中的工件位置和实际工作站中的位置吻合。选择"机械与布局"菜单，单击"放置工件"菜单，弹出图 9-21 所示的对话框。根据工件本身的标定点，可采用一点标定、两点标定和三点标定的方式。"选择组件"用于选择工件，"参考坐标系"用于指定参考坐标系，"放置方式"选择工件标定方法，"从点"表示工作站模型中标定点，"到点"表示实际中利用机器人获得的标定点。输入"从点"和"到点"的数据值后，单击"应用"按钮，工件完成放置标定过程。在单击"应用"前，可以使用预览放置的效果。

图 9-21a 所示的是单点标定的方法，需要用机器人从实际工件上找到标定点 A1 的位置（X1，Y1，Z1），再从软件中找到模型中该点 A0。其中，"放置"对话框中"从点"是从软件中选择的标定点 A0，"到点"是从坐标对话框中输入实际机器人找到坐标值（X1，Y1，Z1）。输入坐标完成后，可单击"预览结果"按钮查看单点标定后的结果。

图 9-21b 所示的是双点标定的方法，需要机器人从实际工件上找到标定点 A1 和 B1 的位置（X1，Y1，Z1）和（X2，Y2，Z2），再从软件中找到模型中该点 A0 和 B0。其中，

"放置"对话框中"从点"是从软件中选择的标定点 A0 和 B0，"到点"是从坐标对话框中输入实际机器人找到点 A1 和 B1 的位置（X1，Y1，Z1）和（X2，Y2，Z2）。输入坐标完成后，可单击"预览结果"按钮查看单点标定后的结果。单击"OK"，即可实现放置工件。

图 9-21c 所示的是三点标定的方法，需要用机器人从实际工件上找到标定点 A1、B1 和 C1 的位置（X1，Y1，Z1）、（X2，Y2，Z2）和（X3，Y3，Z3），再从软件中找到模型中该点 A0、B0 和 C0。其中，"放置"对话框中"从点"是从软件中选择的标定点 A0，"到点"是从坐标对话框中输入实际机器人找到 A1、B1 和 C1 的位置（X1，Y1，Z1）、（X2，Y2，Z2）和（X3，Y3，Z3），输入坐标完成后，可单击"预览结果"按钮查看单点标定后的结果。单击"OK"，即可实现放置工件。

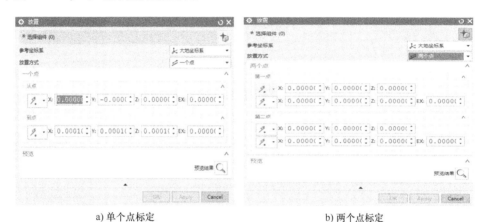

a) 单个点标定　　　　　　　　　　　b) 两个点标定

c) 三个点标定

图 9-21　"放置工件"对话框

（5）辅助轴设置　辅助轴主要指变位机和基座轴（平移轴），RobotMarst 教育版软件没有开启该功能。

3. "路径编程"菜单

（1）创建目标　用于创建机器人加工（或示教）结束后 TCP 点的位置点。有两种方式可以创建目标点，可以通过手动拖动机器人 TCP 的方法、通过指定坐标和角度的形式进行操作，如图 9-22 所示。

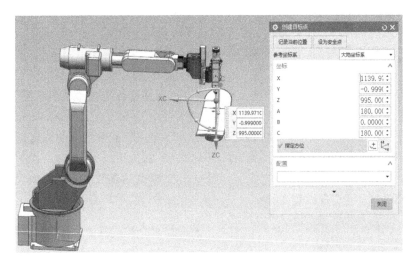

图 9-22　创建目标点

（2）记录　用于将当前机器人所处位置的 TCP 坐标保存下来，该点会在点和路径列表中出现。

（3）编辑路径　编辑路径是用来选定并编辑加工路径，即机器人 TCP 点的运动轨迹。RobotMarst 教育版软件主要提供切割、淬火和切圆三种加工路径方式，不支持多工艺功能，即有些编辑功能不能完全实现。

"添加路径"和其他曲线生成方法结合在一起，可以实现机器人轨迹的生成。如单击"切割路径"菜单，弹出如图 9-23 所示的对话框。

按照操作步骤，即可实现轨迹中目标点的位置和姿态的确定。进入"添加路径"菜单。

1）设置工具加工方向。选择"加工方向"下拉列表中的"垂直于面"或"相切于面"，该选项确定了目标点的法向。"垂直于面"即目标点 Z 轴和所选平面垂直，"相切于面"即目标点 Z 轴和所选平面相切。"自适应路径"选项框用于是否对曲线轨迹的法向方向进行平滑过渡。若选中该选项框，则对轨迹中法向量变化剧烈的点进行平滑滤波处理；若不选择，则轨迹中目标点的 Z 轴向量不做优化处理。

2）选择轨迹。通过"选择路径"对话框在模型中选择现有的曲线或者生成的曲线作为轨迹，可选择单独一条轨迹，也可选择多条轨迹。"选择辅助面"即选择上一步操作中曲线所在的面或者相关联的面。

图 9-23　切割路径添加

3）定义工具运行方向。"自定义进刀方向"即选择工具的切向方向，该方向即生成轨迹目标点的 X 轴向量方向。

4）其他选项。即设置轨迹的其他参数。其中，"插补距离"用于设置生成的轨迹相临点的距离，"目标点法向偏移"用于设置生成的目标点的法向偏移距离。其中距离为正表示向生成目标点 Z 向正方向偏移设定的距离，距离为负表示向生成的目标点 Z 向负方向偏移设置的距离。点击"确认"，添加路径完成。

（4）信号设置　信号设置是在运行路径上合适的点添加外部信号控制，比如切割激光开关控制。单击"信号设置"便弹出相应对话框，如图9-24所示。

（5）创建　"创建"菜单用于创建工作坐标系。单击"创建"菜单，弹出"创建坐标系"对话框，如图9-25所示。

图9-24　信号设置

图9-25　"创建坐标系"对话框

"名称"用于设置新建工作坐标系的名称，"创建辅助体"用于设置选中工件的坐标系，可使用输入坐标和角度的形式新建用户坐标系，也可以利用 UG 本身选择坐标系的方式新建用户坐标系。

（6）生成曲线　用于选择工件上的路径。RobotMarst 教育版软件主要提供面生成线、边生成线和抽取面三种生成路径方式。如单击"边生成线"，就弹出相应对话框，如图9-26所示。

图9-26　边生成线

4. "应用"菜单

该菜单是针对常见的码垛、打磨及外部旋转轴、平移轴等常见应用设置的菜单，以实现快速编程。如单击"打磨"，弹出如图9-27所示对话框。

图9-27 "打磨"对话框

整个对话框把打磨应用编程的所有环节都包含在一起，如工具、工件的选择，抓持类型设置、路径、速度及仿真等，方便了编程应用。

5. "仿真"菜单

（1）仿真 "仿真"用于对机器人的路径进行仿真观察。在仿真前，确认所选择的轨迹经过"计算"。RobotSmart教育版的"仿真"菜单有两个选项，"初始位姿"和"安全点管理"，"仿真"菜单在列表路径选项里，单击后弹出如图9-28所示对话框，仅仅对路径进行仿真。

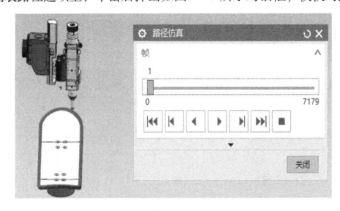

图9-28 路径仿真

（2）初始位姿 "初始位姿"菜单用于将机器人的姿态设置到默认初始状态。从机械位置看，不同的机器人初始角度一致，但实际显示角度并不一样，这是因为不同机器人规定的原点不一致造成的。

（3）安全点管理　"安全点管理"是对所设置的安全点的机器人的位姿进行规划调整，即调整机器人的关节坐标，使得机器人能在安全点范围内到达加工点，满足加工工艺的要求，如图9-29所示。

图9-29　安全点管理

6. 后处理菜单

（1）生成代码　"生成代码"菜单用于生成机器人运动所需要的代码。单击"生成代码"菜单，弹出保存文件对话框，对后处理生成的机器人代码进行命名和设置保存位置。

（2）参数设置　"参数设置"菜单用于对加工工艺、后处理和位姿显示进行设置，如图9-30所示。

图9-30　"参数设置"对话框

7. "示教" 菜单

（1）新手引导 "新手引导"是为了新接触此软件而设置的提示引导菜单，为新手提供帮助，单击后，如图9-31所示。

（2）查看运动状态 "查看运动状态"菜单用于查看机器人在路径列表中目标点的姿态。当生成了路径和目标点后，用鼠标选中路径点列表中的目标点，单击"查看运动状态"菜单，即可查看在目标点机器人的位置姿态。

（3）示教器 "示教器"菜单用于虚拟示教的功能，和"创建目标"菜单的功能相似，但示教器菜单更接近真实的示教器。单击"示教器"菜单，即可弹出虚拟示教器操作面板，如图9-32所示。

图9-31 "新手"对话框

图9-32 示教器操作面板

其中示教器各个部分的按钮菜单功能，见表9-2。

表9-2 示教器显示区域功能

区域	功　　能
1	显示区域设置，可选择为笛卡儿坐标系或关节角度
2	线性运动时参考坐标系设置。可选择为"全局坐标系""局部坐标系"和当前"工具坐标系"。该区域仅在选择线性运动条件下有效
3	显示区域坐标系设置。可设置为"大地坐标系"和"工作坐标系"
4	手动操作机器人运动模式。可选择为线性坐标运动，也可选择为关节角度运动
5	角度显示方式设置。可设置为KUKA的ABC显示、FANUC的WPR和ABB机器人的四元数等形式
6	机器人位置姿态显示区域。用于显示机器人TCP的坐标和角度
7	机器人手动操作按钮区域。如果在区域4中选中了线性"坐标"，则A1/A2/A3表示X/Y/Z坐标，A4/A4/A5表示目标点角度；如果在区域4中选中了"角度"，则A1/A2/A3/A4/A5/A6分别表示机器人各个关节的角度。其中，按钮中"+"表示正向运动，"-"表示负向运动
8	用于设置机器人运动的速度，可以选择10%、30%、50%和100%速度模式运行
9	设置运动模式。可选择"单步"运行模式，也可选择连续运动模式

8. "工具"菜单

（1）更新 用于更新机器人基准坐标系。

（2）坐标系计算 坐标系计算是机器人基坐标系的计算器，用于对机器人的基坐标系进行标定计算。当把机器人放置到一个模拟工作环境时，需要尽量减少模拟环境机器人与真实机器人的基准坐标系之间的误差，所以，需要对其进行标定。一般采用原点、X 轴和 Y 轴三点标定。

（3）自定义装置 自定义装置是对整个工程里的装置进行自定义设置，RobotSmart 教育版没有开启此功能。

（4）自定义工具 "自定义工具"菜单用于新建或修改工具数据。单击"自定义工具"菜单，弹出如图 9-33 所示的对话框。可以指定工具模型并修改或设置工具的 TCP 位置。

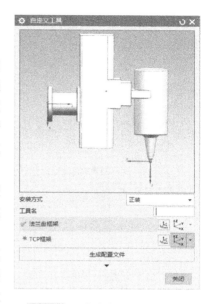

图 9-33 "自定义工具"对话框

9.3.3 资源列表区界面及选项卡

1. 选项卡介绍

资源列表区域界面是软件的主界面，有"布局"及"路径和目标点"两个选项卡，"布局"选项卡如图 9-34 所示。

"路径和目标点"选项卡如图 9-35 所示。

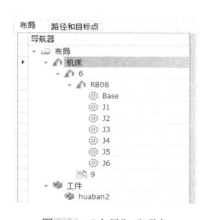

图 9-34 "布局"选项卡

图 9-35 "路径和目标点"选项卡

"布局"用于显示当前工作站的机器人型号、工具和工件集合，"路径和目标点"主要用于显示当前添加的轨迹的目标点列表。它由"工具数据""工件和目标点"及"路径"三个列表组成。

2. "布局"选项卡列表

（1）机器人选项列表 选中机器人单击右键，弹出如图 9-36 所示列表，可以对机器人及其组件进行相应的操作。

（2）工具选项列表　选中机器人里的最后一项工具，单击右键，弹出如图 9-37 所示工具列表，可以对工具进行相应操作。

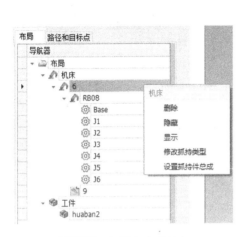

图 9-36　机器人选项列表

图 9-37　工具选项列表

3. "路径和目标点"选项卡列表

"路径和目标点"选项卡包括坐标系和路径两项内容，如图 9-38 所示。

1）目标点列表，选中某一目标点，单击右键，弹出如图 9-39 所示目标点列表。

2）路径点列表，选中路径中某一点，单击右键，弹出路径点列表，如图 9-40 所示。

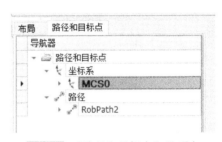

图 9-38　"路径和目标点"选项卡

图 9-39　目标点列表

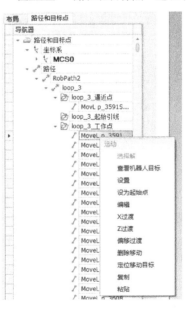

图 9-40　路径点列表

9.3.4　文件、机械与布局操作练习

1. 新建工程文件

单击"新建工程"菜单，可以执行新建工程命令，弹出如图9-41所示的窗口。"新建工程"窗口用于新建工作站。工作站包括机器人、工具、工件和工艺等信息。

如图9-42所示，通过新建工程向导设置工程的名称以及工程的存放位置，比如新建工程的名称为robot1，保存路径位置为D盘Robot文件夹中。若没有文件夹，可以新建文件夹，再将工程robot1保存在该文件夹中。

图9-41　"新建工程"窗口　　　　　图9-42　新建工程保存路径

注意：工程名只能使用英文和数字，不能用汉字命名。

2. 保存工程文件

单击"保存工程"菜单，弹出如图9-43所示的窗口。单击"是（Y）"按钮，将新建工程文件保存在某个文件夹中。

图9-43　"保存工程"窗口

3. 打开工程文件

单击"打开工程"菜单，可以执行打开工程命令。"打开工程"用于打开已存在的工作站，通过打开工程向导选择要打开工程的存放位置，例如按照打开工程向导打开D盘Robot文件夹选择robot1. rproj，如图9-44所示。再单击"打开"按钮，弹出如图9-45所示的窗口。

4. 关闭工程文件

单击"关闭工程"菜单，可以执行"关闭工程"命令，弹出如图9-46所示的关闭窗口。单击"是（Y）"按钮，关闭已打开的窗口。

图 9-44　已新建工程文件

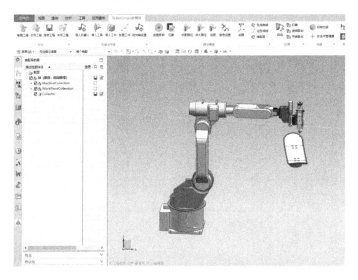

图 9-45　工程打开窗口

图 9-46　关闭窗口

5. "机械与布局"操作练习

（1）导入机器人　从系统机器人库中导入特定的机器人，弹出对话框，可以从机器人列表中选择特定的机器人，在导入机器人的时候，可以在设置区域设置机器人的底座坐标和方向，设置完成后，输入机器人的名称，即可完成机器人导入操作。

在导入机器人窗口的列表中，选择广州数控 GSK 的 RB03A1，在预览区显示 RB03A1 工业机器人，并给机器人命名，如图 9-47 所示。单击"确定"，导入机器人如图 9-48 所示。

图 9-47　"导入机器人"对话框

图 9-48　导入机器人

导入机器人后，再利用列表或辅助工具条里的"平移"和"旋转"等命令，把机器人调整到适当大小和位置。

（2）导入工具　导入工具是从系统工具库中导入特定的工具，如图 9-49 所示的对话框。从工具库中选择特定的机器人工具，输入工具名，再单击"确定"，GSK 工业机器人装好工具，如图 9-50 所示。

图 9-49　"导入工具"对话框

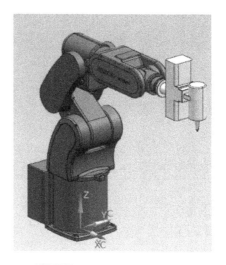

图 9-50　导入工具后的机器人

（3）导入工件 "导入工件"是从自主定义的用户库中导入已做好的工件，在图 9-51 所示的对话框中，选择工件安装的位置。

图 9-51 "导入工件"对话框

（4）设置工件 导入选定的工件后，工件位于基坐标原点，如图 9-52 所示。然后，在列表中选定工件，单击右键，选择"设置"命令，将工件放到适合加工的位置，如图 9-53 所示。

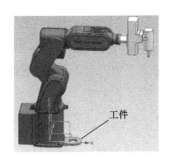

图 9-52 导入工件

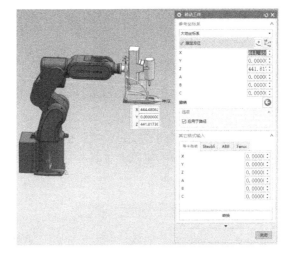

图 9-53 设置后的工件

设置的方法可以使用坐标系框架拖动法，拖动工件坐标系原点或三个轴，可以实现移动或旋转一定的角度，使得工件位置和角度都适合机器人操作加工，也可以在对话框中直接输入坐标值进行设置。

注意：工件设置是比较关键的环节，设置的好坏直接影响到机器人是否能完成加工，设置位置或角度不合适，在后面计算时就很容易出现机器人轴限位或奇异点，导致无法通过计算。

（5）放置工件 放置工件用于在创建工作站的过程中放置工件，使虚拟工作站模型中的工件位置和实际工作站中的位置吻合。放置工件是在离线编程完成后，导出机器人前所做的一种工件标定操作。

9.3.5 路径编程操作练习

1. 创建目标

"创建目标"用于创建机器人运动的特定点，比如安全点，并进行记录标记，如图9-54所示。图中目标点1和2都可以设为安全点，这样，机器人在工作时不允许超过此安全点范围。创建目标点方式有多种，可以通过手动拖动机器人TCP的方法、通过拖动机器人各个关节角度或者指定坐标和角度的形式进行操作。

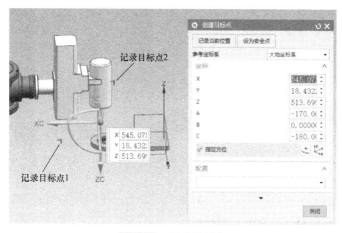

图9-54 创建目标点

2. 记录

用于将当前机器人所处位置的TCP坐标保存下来，该点会在视图区标记，并在点和路径列表中出现。

3. 添加路径

"添加路径"和其他曲线生成方法结合在一起，可以实现机器人轨迹的生成。

（1）生成路径 首先要在工件上生成路径，即生成曲线。具体操作是在布局列表中选定工件，单击右键，选"进入工件"命令，进入工件。选取生成曲线方式，如选取"边生成线"，出现如图9-55所示对话框。

按要加工的路径，选取相应的边，一般要勾选"连结""去参"复选框，使得曲线连接，如图9-56所示。

图9-55 "生成曲线"对话框

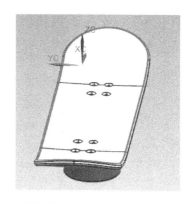

图9-56 生成的加工路径曲线

然后，在布局列表中选定工件，单击右键，选"退出工件"命令，退出工件。

（2）添加路径　单击"切割路径"添加切割路径，弹出如图9-57所示对话框。注意，RobotSmart教育版只提供切割路径、淬火路径和切圆三种路径添加。

选择已生成的曲线作为切割路径，然后根据加工工艺需求，可以选择相应的加工面，并设置加工方向、进刀距离、退刀距离、偏移距离、公差和插补间距等。

1）选择曲线。通过"选择路径"对话框在模型中选择现有的曲线或者生成的曲线作为轨迹，可选择单独一条轨迹，也可选多条轨迹。"选择辅助面"即选择上一步操作中曲线所在的面或者相关联的面。

2）设置工具加工方向。选择"加工方向"下拉列表中的"垂直于面"或"相切于面"，该选项确定了目标点的法向方向。"垂直于面"即目标点Z轴和所选平面垂直，"相切于面"即目标点Z轴和所选平面相切。"自适应路径"选项框用于是否对曲线轨迹的法向方向进行平滑过渡。若选中该选项框，则对轨迹中法向量变化剧烈的点进行平滑滤波处理；若不选择，则轨迹中目标点的Z轴向量不做优化处理。

3）定义工具运行方向。"自定义进刀方向"即选择工具的切向方向，该方向生成轨迹目标点的X轴向量方向。

4）其他选项，即设置轨迹的其他参数。其中，"插补距离"用于设置生成的轨迹相临点的距离，"偏移距离"用于设置生成的目标点的法向偏移距离。其中距离为正表示向生成目标点Z向正方向偏移设定的距离，距离为负表示向生成的目标点Z向负方向偏移设置的距离。

单击"确定"，弹出如图9-58所示的切割路径及相应目标点坐标。

注意：目标点坐标是工件坐标。

图9-57　"添加路径"对话框

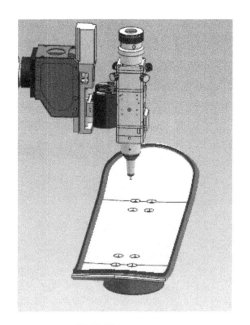

图9-58　切割路径

4. 创建坐标系

"创建"菜单用于创建工作坐标系。单击"创建"菜单，弹出"创建坐标系"对话框，"名称"对话框用于设置新建工作坐标系的名称，"创建辅助体"用于设置选中工件的坐标系，可使用输入坐标和角度的形式新建用户坐标系，也可以利用 UG 本身选择坐标系的方式新建用户坐标系，如图 9-59 所示。

图 9-59 "创建坐标系"对话框

9.3.6 仿真、后处理、示教操作练习

1. "仿真"菜单操作

用于对机器人的路径进行仿真观察。在仿真前，请确认所选择的轨迹要经过"计算"。

（1）计算 路径添加完成后，在"路径和目标点"列表选中路径点右键，选择"计算"命令，则开始对路径进行计算。路径计算是计算路径运行情况，即机器人是否可以顺利按着路径完成加工，会提示计算通过，如图 9-60 所示。

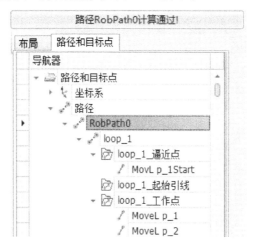

图 9-60 路径计算通过

如果路径设置的不适合，机器人不能顺利到达各加工目标点，则会出现"误解""奇异点""轴限位"等情况，如图9-61所示。出现这种情况可能的原因一般有以下几点：

1）进刀距离、偏差距离等参数设置不合适，机器人无法在目标点间移动。

2）工件与工具间位置放置不合理，过远、过偏和不正等都会导致机器人无法运动到位。

3）机器人必须超出安全点范围才能运动到位，即路径超出安全点。

4）工具坐标方向设置不对，导致工具运行方向不对，机器人无法完成加工运行。

图9-61　路径计算不通过

可能还存在其他原因，导致机器人无法按路径完成加工，但可以通过调整，最终实现计算通过。

（2）仿真　仿真是在虚拟环境下，通过机器人模仿加工路径运行，观察机器人是否可以通过计算，以及不通过计算可能的原因。

在不同计算情况下，单击"仿真"菜单，可能会弹出如图9-62所示的仿真设置面板。

图9-62　计算不通过仿真情境

如果计算通过，仿真如图9-63所示。

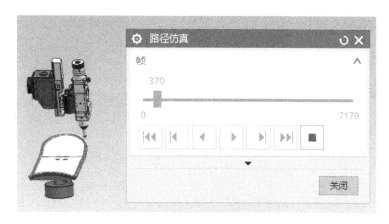

图 9-63 路径计算通过仿真情境

（3）初始位姿 "初始位姿"菜单用于将机器人的姿态设置到默认初始状态。从机械位置看，不同的机器人初始角度一致，但实际显示角度并不一样，这是由于不同机器人规定的原点不一致造成的。

2. "后处理"操作

（1）生成代码 "后处理"菜单主要用于生成机器人运动所需要的代码。单击"后处理"中的"生成代码"，弹出保存文件对话框，对后处理生成的机器人代码进行命名和设置保存位置。生成的代码文件可以用记事本打开，如图9-64所示。

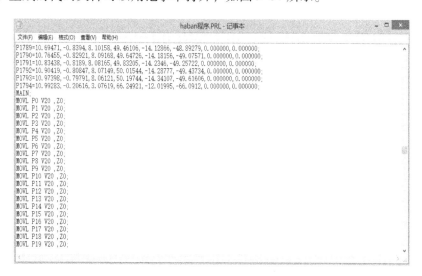

图 9-64 用记事本打开的机器人代码程序

（2）参数设置 "参数设置"主要是对加工工艺、后处理和机器人位姿显示等进行设置。"工艺设置"选项卡如图9-65所示，可以对加工速度和轨迹进行相应的调整。"后处理"选项卡如图9-66所示，可以对坐标系、工具安装和安全管理等进行设置。

"显示"选项卡如图9-67所示，可以设置是否显示坐标及目标点。选择显示如图9-68所示，可以清楚显示出各装备名称及目标点名称。

图 9-65 "工艺设置"选项卡

图 9-66 "后处理"选项卡

图 9-67 "显示"选项卡

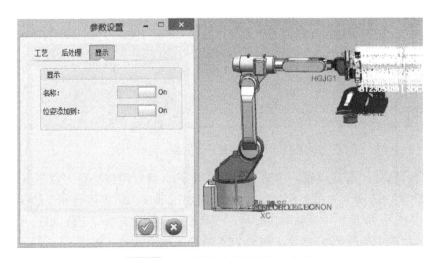

图 9-68 显示装备名称及目标点名称

3. "示教"操作

（1）新手引导

1）新建工程。

2）导入机器人。

3）导入工具。

4）导入工件。

5）添加路径。

6）计算路径。

7）生成代码。

（2）查看运动状态　"查看运动状态"菜单用于查看机器人在路径列表中目标点的姿态。当生成了路径和目标点后，用鼠标选中路径点列表中的目标点，单击"查看运动状态"菜单，即可查看在目标点机器人的位置姿态，如图9-69所示。

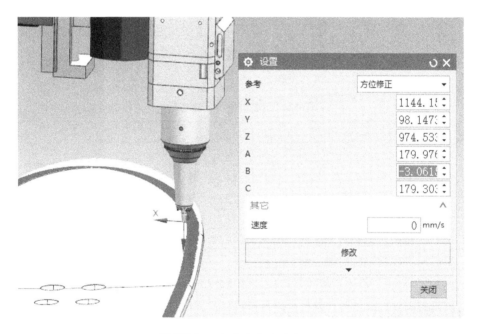

图9-69　目标点方位及速度调整

（3）示教　"示教器"菜单用于虚拟示教的功能，和"创建目标"菜单的功能相似，但示教器菜单更接近真实的示教器。它可以模拟不同品牌机器人的不同形式的运动，包括直角坐标系下运动和关节运动，同时，支持点动和连续运动。

在显示角度的时候，可以以不同形式的欧拉角表示，如KUKA的A/B/C、FANUC、安川的WPR和史陶比尔的Rx/RY/Rz，也可以表示成ABB的四元数表示形式。

单击"示教器"菜单，即可弹出虚拟示教器操作面板，如图9-70所示。尝试进行各个选项，加深理解机器人坐标系、位姿和目标点等概念，练习使用和操作机器人，为在线示教编程的学习做好准备。

示教器各个部分的按钮菜单功能见表9-3。

图 9-70　示教器面板

表 9-3　示教器显示区域功能

区域	功　　能
1	显示区域设置，可选择为笛卡儿坐标系或关节角度
2	线性运动时参考坐标系设置。可选择为"全局坐标系""局部坐标系"和当前"工具坐标系"。该区域仅在选择线性运动条件下有效
3	显示区域坐标系设置，可设置为"大地坐标系"和"工作坐标系"
4	手动操作机器人运动模式，可选择为线性坐标运动，也可选择为关节角度运动
5	角度显示方式设置，可设置为 KUKA 的 ABC 显示、FANUC 的 WPR 和 ABB 机器人的四元数等形式
6	机器人位置姿态显示区域，用于显示机器人 TCP 的坐标和角度
7	机器人手动操作按钮区域。如果在区域 4 中选中了线性"坐标"，则 A1/A2/A3 表示 $X/Y/Z$ 坐标，A4/A4/A5 表示目标点角度；如果在区域 4 中选中了"角度"，则 A1/A2/A3/A4/A5/A6 分别表示机器人各个关节的角度。其中，按钮中"＋"表示正向运动，"－"表示负向运动
8	用于设置机器人运动的速度，可以选择 10%、30%、50% 和 100% 速度模式运行
9	设置运动模式。可选择"单步"运行模式，也可选择连续运动模式

9.3.7　自定义工具、工件操作练习

1. "工具"菜单的操作

（1）定义工具　"自定义工具"菜单用于新建或修改工具数据。单击"自定义工具"菜单，弹出如图 9-71 所示的对话框。可以指定工具模型并修改或设置工具的 TCP 位置。

（2）工具数据修改　用 NX 打开工具库里需要修改的工具，如图 9-72 所示。

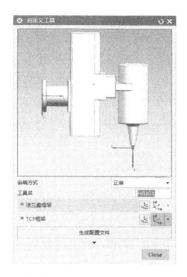

图 9-71 "自定义工具"对话框

图 9-72 打开工具

进入 RobotSmart 教育版，单击"自定义工具"，弹出如图 9-73 所示"自定义工具"对话框。在该对话框中可以分别点击"法兰盘框架"和"TCP 框架"，对工具的腕部坐标系和 TCP 工具坐标系进行修改定义。

单击"生成配置文件"，则工具坐标系数据修改完成。

（3）添加新工具

1）建立新工具的模型，一般建议用 UG10.0 以上版本建模，也可以用其他三维建模软件进行，但需要进行转化。

2）按上述工具数据修改方法，完成新增工具的坐标系的设定。

3）用截图软件将工具截图，另存到某一文件夹中，然后，用画图程序打开，将大小调整为 24×24，如图 9-74 所示。

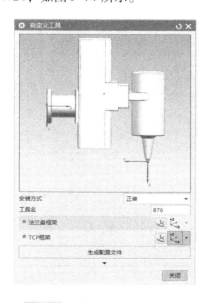

图 9-73 "自定义工具"对话框

图 9-74 调整图片大小

4）将图片以".bmp"格式另存到新添加工具的文件夹里。

5）在新建工程里，导入机器人后，导入新添加工具，此时新工具若不能与机器人法兰盘完好安装，需要在布局列表中选中工具，单击右键，选择设置命令，对工具的位置和姿态进行重新设定，并应用到库，使其完好与机器人法兰盘安装为止，如图9-75所示。到此，新工具添加完成。

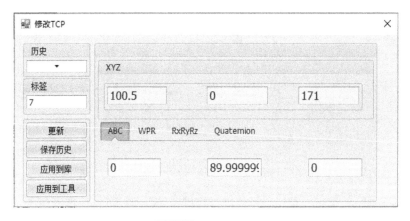

图9-75 工具调整

2. 工件设置、放置与添加

1）工件设置是移动工件到合适的位置，如图9-76所示。可以选择用手柄拖动，也可以通过坐标进行设置。

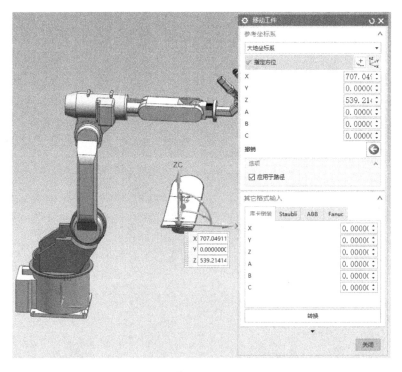

图9-76 工件设置

2）工件放置是对工件进行标定的一个过程。

3）添加新工件。添加新工件比较简单，只要用 UG10.0 以上版本进行工件建模即可直接导入，如果用其他软件模型，只要能用 UG10.0 以上版本打开，再保存即可。

思考与练习

1. 理解并叙述离线编程的四个功能。

2. 简述在线编程和离线编程的区别。

3. 简述 RobotSmart 的用途、功能及特点。

4. 简述与机器人应用相关的各种坐标系。

5. RobotSmart 离线编程基本操作步骤有哪些？

6. 对非标准型工件如何进行离线编程？

7. 如何添加新工具？简述其步骤。

参 考 文 献

［1］刘小波. 工业机器人技术基础［M］. 北京：机械工业出版社，2017.

［2］NIKU S B. 机器人学导论——分析控制及应用［M］. 孙富春，等译. 2 版. 北京：电子工业出版社，2018.

［3］日本机器人学会. 机器人科技：技术变革与未来图景［M］. 许绍文，等译. 北京：人民邮电出版社，2015.

［4］蔡自兴，谢斌. 机器人学［M］. 3 版. 北京：清华大学出版社，2015.

［5］李俊文，钟奇. 工业机器人基础［M］. 广州：华南理工大学出版社，2016.

［6］李瑞峰，葛连正. 工业机器人技术［M］. 北京：清华大学出版社，2019.

［7］KING M，李幼涵. 运动控制技术与应用［M］. 北京：机械工业出版社，2012.

［8］徐德，谭民，李原. 机器人视觉测量与控制［M］. 3 版. 北京：国防工业出版社，2016.

［9］张明文. 工业机器人离线编程［M］. 武汉：华中科技大学出版社，2017.

［10］叶晖. 工业机器人典型应用案例精析［M］. 北京：机械工业出版社，2013.